"坚持人与自然和谐共生。建设生态文明是中华民族永续发展的千年大计。必须树立和践行绿水青山就是金山银山的理念，坚持节约资源和保护环境的基本国策，像对待生命一样对待生态环境，统筹山水林田湖草系统治理，实行最严格的生态环境保护制度，形成绿色发展方式和生活方式，坚定走生产发展、生活富裕、生态良好的文明发展道路，建设美丽中国，为人民创造良好生产生活环境，为全球生态安全作出贡献。"

——习近平

BEAUTIFUL CHINA
PLANNING AND DESIGN FOR CHARACTERISTIC TOWNS

美丽
中国

特色小镇规划与设计

陈可石　主编

辽宁科学技术出版社
· 沈阳 ·

前 言

陈可石

北京大学教授、博士生导师
北京大学中国城市设计研究中心主任
中营都市设计研究院总设计师

1988 年毕业于清华大学建筑学院获硕士学位，
1994 年毕业于英国爱丁堡大学社科学院获博士学
位。担任国内多个省市政府规划顾问，也是西藏自
治区人民政府顾问、深圳市国际化城市建设顾问委
员会委员暨城市规划与设计专业召集人、深圳市政
协人口资源环境委员会委员。陈可石教授是汶川灾
后重建案例——水磨镇总设计师、中国建在海上的
珠海歌剧院主创设计师、广东省援藏重点工程——
鲁朗国际旅游小镇总设计师。著作有《城市设计与
古镇复兴》、《汶川绿色新城》等。

"特色小镇建设"是国家新型城镇化在新时期、新常态下的"新举措、新模式"。2016 年 2 月，国务院印发《关于深入推进新型城镇化建设的若干意见》，全面部署深入推进新型城镇化建设，提出发展具有特色优势魅力小镇。2016 年 3 月，两会授权发布《国民经济和社会发展第十三个五年规划纲要》，提出要发展充满魅力的小城镇。2016 年 7 月，住房和城乡建设部、国家发展改革委、财政部联合颁布《关于开展特色小镇培育工作的通知》(建村[2016]147 号)，提出在全国范围内开展特色小城镇培育工作，到 2020 年争取培育 1000 个左右各具特色、富有活力的休闲旅游、商贸物流、现代制造、教育科技、传统文化、美丽宜居等特色小镇。

国家发展改革委等有关部门支持符合条件的特色小镇建设项目申请专项建设基金，中央财政对工作开展较好的特色小镇给予适当奖励。按照 5 年建设 1000 个特色小镇的目标，未来特色小镇的建设步伐将加快。这为具有良好发展基础和巨大发展潜力的特色小镇建设提供了新的发展机遇。

2017 年，随着相关改革的深化和政策的落地，新型城镇化建设大有可为、成效可期、前景广阔。特色小镇也成了新型城镇化建设的有效助力。

建设特色小镇是实现新型城镇化的重要方式。中国的新型城镇化就是要坚持以人为本，要能够传承中华文明，建设特色小镇就是要激活、释放小城镇的活力，为大量农村人口城镇化提供体面的工作机会；同时大量有特色的传统村落、集镇都需要保护或者需要实行保护性开发利用，建设特色小镇也是留住乡愁、留住传统文化、传承中华文明的重要路子；建设特色小镇是完善推动大中小城市和小城镇协调发展的内容，国家的新型城镇化建设需要较为完整的城镇体系，其中，小城镇的建设是不可或缺的部分，只有把小城镇建设好了，才能更有效地吸纳人口、缓解人口资源环境方面的矛盾，实现新型城镇化。

发展特色小镇是探索科学推动小城镇发展的方法之一。目前，我国新型城镇化的要求就是促进大中城市与小城镇的协调发展。而发展特色小镇正是探索科学推动小城镇发展的方法之一。特色小镇与其他小镇相比能够发挥自身优势，在城镇建设和发展的某些领域能够体现人无我有、人有我强；要体现因地制宜，结合地方特点，发挥地域优势，在此基础上找到有生命力、有市场前景的产业，在城镇基础设施和建筑风貌方面与当地的自然地理条件相匹配，充分体现当地的风俗特点。

特色小镇是新型城镇化建设的重要组成部分。特色小镇是我国新型城镇化建设的有机组成部分，也是我国推进大中小城镇协调发展的有机组成部分。在推进新型城镇化进程中，不能仅仅关注大中城市或城市群的发展，还要关注小城镇的发展，形成大中小城市协调发展的良好格局。

特色小镇建设的五大战略意义：

1. 有效扩大投资；

2. 推动人才、技术、资本等高端要素集聚，实现小空间大作为、小平台大发展；

3. 推动经济产业的融合、创新和升级，引领经济新常态；

4. 弘扬传统优秀文化；

5. 推进新型城镇化，创造优美宜人的人居环境。

特色小镇设计与古村古镇复兴的十大理念：

1. 古村古镇是中华五千年伟大农耕文化的载体。载体没有了，文化就不能传承下去；

2. 以城市人文主义价值观来规划、设计、保护和开发古村古镇。出发点不同，结果就会完全不同；

3. 古村古镇需要通过产业调整，在传统产业上植入文化、旅游、休闲、度假、养老、健康、生态和高新农业等现代产业。经济发达的古村古镇才是可持续的古村古镇；

4. 古村古镇一定要形态完整，传统建筑学要得到发扬光大、传统建筑要得到保护，新老建筑要在形态上有所呼应。要在地域性的建筑语言上向前走，决不能在建筑语言上造成混乱，要最大程度上使用传统材料和传统工艺；

5. 每一个古村古镇要有自己的文化特征和环境特色。不要模仿和抄袭，要努力创造自身的特色和魅力，要有自己的特性（Identity）；

6. 以城市设计为先导，多种规划设计手段并行的整体设计方法。不能用大城市规划方法去规划古村古镇；

7. 采用总设计师负责制；

8. 通过设计和创意，提升古村古镇的价值；

9. 要用实体模型研究古村古镇的空间，要在实地现场做设计；

10. 设计师和投资者都应当用爱心去做事，要热爱古村古镇，要有人文主义情怀。热爱一草一木，每一个村落、每一个建筑；热爱一石一物，每一段历史、每一个故事。

特色小镇建设与古村古镇的保护与提升是一项事关中华文化伟大复兴的事业，设计师、投资者与原住居民都要以爱心来对待这项事业。本书将通过一些理论和经验分享与优秀的案例分析向读者展示我国特色小镇建设的发展成果和设计经验，希望此书能够给专业设计师、投资者和相关从业人员带来一定的启发。

目 录

第一章　特色小镇理论知识与设计经验分享

特色小镇是按照创新、协调、绿色、开放、共享的发展理念,融合产业、文化、旅游、社区功能的创新创业发展平台。建设产业富有特色,文化独具韵味,生态充满魅力的特色小镇,可以为地区的发展建设开辟新的路径,也可以为美丽中国建设贡献力量。

传统村镇是中国伟大农耕文明最后的载体

文 / 陈可石

——结合欧洲乡村建设的经验谈中国美丽乡村建设

一、英国田园城市理论

说到田园城市，要从英国的"田园城市"的理论开始。英国的乡村非常美丽，非常漂亮。然而中国的很多村落都展现不出田园之美。我们的乡村在古代应该是非常优美的，因为很多唐诗宋词都描述到了古代中国乡村的田园之美，所以我把很多精力用在乡村的规划设计上，希望能重现这种美。

另外，我觉得中国的乡村，特别在云贵川这类比较偏僻的地区，比较多地保留了乡村美丽的一面，因此我们的项目也比较集中在云贵川一带。

田园城市的一个基本理论就是乡村是有好的一面，城市也有好的一面，它从社会学的角度，探讨如何把乡村和城市的优点结合在一起,这就是著名的"三磁铁理论"。乡村有干净的空气，新鲜的食品，在乡村，大家一起长大，互相了解，互相认识，对彼此都比较放心。乡村给人类生活提供了一个非常好的环境和社会结构，所以乡村是人居的一个理想场景。

为什么大家要离开城市？因为城市有很多问题，比如城市环境污染、交通堵塞、人和人之间的亲密关系被环境、工作压力等因素冲垮。为什么大家又要到城市？因为城市有好的医疗、教育服务和就业机会，能够改变自己的命运。所以霍华德提出"田园城市"的理论，认为乡村有乡村吸引人的地方，城市也有城市吸引人的地方，而理想的城乡规划就是乡村与城市能够结合在一起。

我所熟悉的一个英国乡村位于伦敦郊区，他们的乡村规划非常能够体现出人与自然的和谐。英国对于环境有着非常强的保护意识，在英国很少看见随便砍一棵树或随便拔一棵草，乡村没有生态被破坏的迹象。在乡间开车，很难找到一块裸露的泥土，都是由植被覆盖，我觉得这就是现在的理想乡村。我常常在想，什么时候中国的乡村能够像这张照片这样，展现出充满绿色、如同田园牧歌一样的场景。

在约克镇，整个乡村基本上保留了工业革命以前的格局。典型的英国乡村最主要的元素就是教堂，它是通常位于村庄的核心位置，是村民活动交流的中心。我在做很多乡村规划和小镇设计的时候，对于我们在精神空间方面的缺失感到非常遗

英国伦敦郊区

憾。很多乡村没有保留好像文庙、关帝庙、财神庙、佛堂等这样的传统精神空间，因此我希望中国未来的乡村能够像英国的乡村一样，有承载自己文化的精神的空间。我现在设计的乡村，都预留了未来乡村发展的精神空间，希望未来这些代表了中国传统文化的精神空间得以恢复。

二、东方田园思想

作为一个东方文明古国，我们传统的田园思想有非常深厚的根基。我总结中国田园思想的缘由，发现从魏晋时代田园思想就已经萌发。以陶渊明为代表的许多中国古代的文人，可能年轻的时候是以儒家思想作为主要的精神支持，到了一定年龄的时候，他们就回归到田园。因此我们看到魏晋、明清时期官员在退休以后寄情山水、归隐田园，这说明了田园思想是我们中国传统文化当中的一个非常重要的支撑。

英国约克郡

中国的田园思想和英国的田园思想有什么差别呢？就是我们更加在思想的渊源深处，有一种对自然的热爱，对自然的依赖。那我们传统文化中主张什么呢？我们主张渔樵耕读，在一种田园的、诗意的环境下工作生活。在我做的很多小镇与乡村规划设计当中，对于中国的田园思想做了重要的诠释。我认为安居乐业是我们农耕文化一个伟大的价值观。

后来，我作为成都市政府的顾问主持了成都周边很多旅游小镇和古镇的规划设计，像洛带古镇、汶川水磨镇等。我们实践的时候才能真正体会到中国的田园思想与中国的传统古镇之间的关系。如果说工业文明始于英国，那么可以说英国代表了伟大的工业文明，而农耕文化的成就我认为主要展现在中国，农耕文化对我们国家影响深远，成就了东方伟大的文明古国。魏晋散文、唐宋诗词、明清小说等所体现的这种生活方式是我们伟大农耕文明的生活方式。所以，我觉得能够在过去15年里把主要的经历方向放在传统的小镇、旅游小镇和特色小镇的设计上面，追求农耕文明的现代诠释是一件很幸运的事情。我们在追随自己的传统文化上进行了几千年的实践，其中可以发现很多连续贯穿我们精神世界并成为哲学基础的人居理想。从绘画当中我们可以看到传统中国人的生活理想，那是一种对农田、阡陌和山水的诉求，这种理想的生活环境集中体现在小镇与乡村里。我在东京的调研中发现，东京超过一半人生活在郊区，生活在小镇里，并不是都住在高楼林立的拥挤空间里。所以我觉得，作为同样人口稠密的中国，应该让这种居住方式回归，再次打造我们的乡村。

三、美丽乡村在欧洲的经验借鉴

欧洲的美丽乡村建设也非常值得我们借鉴。英国湖区的乡村仍保留了他们的建筑文化传统，包括采用坡屋顶，使用传统的工艺和传统的材料。在乡村建设的过程中要保留传统的工艺、传统的材料和传统的价值观，否则会对传统文化与城乡风貌产生非常大的影响。在乡村建设过程中我们有着沉痛的教训，为了推动经济发展，摧毁了很多美丽的传统村庄，丢掉了我们传统村庄的特色，缺乏地域性与文化性，让人不能相信这是中国人自己的村庄，因为工艺、材料、文化特征都不是自己的。

约克郡在二战期间被严重炸毁，但是他们希望原原本本地恢复传统建筑和保留原来传统的工艺、肌理和空间，所以约克郡是在尊重传统的基础上恢复起来的。约克郡的城墙，在二战时候被炸毁，他们把城墙外层进行恢复，并修建了城墙公园。这个案例对我非常有启发，所以后来在多个项目中都运用了这个手法。例如在最近进行的河源佗城和贵州的项目中我们均建议恢复城墙原貌，我认为如果一个古镇能够把城墙恢复起来，就等于有一个界限，城墙里面可以保留三百年、五百年前的乡村，城墙之外表现更多的是现代化城区。

英国约克郡乡村

我们的小镇与乡村建设一定要回到中国传统的文化根基上。现在看到云贵川保留还是比较好的，但我比较担忧未来十年云贵川发展可能会导致传统小镇的破坏。看15年前广西桂林的照片，我觉得是最好的，看十年前的照片已经有一些奇怪的建筑出现了，破坏了桂林的特色山水。五年前它已经没有了那种诗意的田园风光，没有我们以前看到的那种优美场景。我们实际上在毁灭自己的传统和破坏我们的乡村。在未来十年，这种破坏的力量和保护的力量是一个博弈。因此我觉得应该参考欧洲的乡村规划建设的经验，他们在乡村文化传承与保护方面比我们做得更好，他们的价值观值得学习。

约克古城墙

如法国的普罗旺斯小镇，它就是保留了传统建筑文化和原来的空间格局，这也是他们成功的地方。作为乡村景观，他们做了很多吸引人的场景，这些都是可以在中国实现的。欧洲很多乡村保留了这样的场景，很多人拿着画本在画水彩画，学生在画速写，所以我觉得欧洲的价值观是非常值得借鉴的。

瑞士是世界上非常富裕的国家，瑞士政府规定，山地必须采用坡屋顶，这是一个很简单的理念，但是这个理念在中国正在消失。为什么做坡屋顶呢？是因为山地建筑是有第五立面的，山地建筑的坡屋顶本身就是一个立面。弗莱堡在战后的时候是被美国飞机炸平了，他们也是在废墟上原原本本地恢复和保留弗莱堡传统城市的格局。传统的城镇形态里面，仍然可以注入新的城市生活方式，这就是欧洲值得我们学习的地方。像英国的乡村、法国的普罗旺斯、德国的黑森林，他们的经验都会给予我们的城乡建设很大的启发。

考察欧洲的美丽乡村，可以从中学习他们的经验。希望我们的乡村，像云贵川地区，越往下走，越应该保留，因为这些是我们文化的基因，是我们农耕文化的载体。如果我们把房子摧毁了，变成现在这些砖房，我们美丽乡村就被摧毁掉了。所以我们需要的是什么，是借鉴学习国外的成功经验，从现代化的这种盲目的对现代化的膜拜这种价值观中走出来。

四、美丽乡村在中国的实践

我在英国读博的时候主要研究西方的建筑艺术，特别是研究了希腊古典时期，就是公元前 520 年到公元前 460 年这段时间，也是中国的春秋末期，这段时期欧洲奠定了西方建筑学基础。在欧洲的旅行经历，使我产生了很大的困惑，在乡村建设上，欧洲和中国有着很不一样的价值观。我回国以后到了北京大学，我的研究生当中有超过 60% 是在研究传统小镇、旅游小镇，现在我们称之为特色小镇。我在设计的实践当中，已经完成了 20 多个小镇项目，其中借鉴了很多欧洲小镇的经验。其中一个经典案例叫水磨镇，是一个汶川灾后重建的项目。在设计当中我们要求景观优先，吸取了瑞士的经验，利用小镇的河道，营造了一个湖面，建成了优质的滨水景观。水磨镇最成功的地方就是我们所提出的景观优先。

第二个很重要的理念，就是形态完整，必须要回到我们传统的风水理论，就是以营造景观为第一要素，我们要形成一种统一的语言。我觉得建筑就是一种语言，我们在规划建设乡村的时候一定要注重形态完整，向伟大中华传统文化回归，在西藏就要纯正的西藏话，在云南就是纯正的云南话。

我到成都参观了简阳剩下的最后一条老街，然而在十年前成都边上至少有五百条这样的老街区。实际上我们设计的水磨镇也是依托一条老街，这条八百米长街道的保留，保住了这个小镇能再延续五百年、一千年。如果我们不重视现在的保护，

法国普罗旺斯

瑞士琉森

汶川水磨镇

我们的乡村将来就没有了价值，从形态上就没有了可辨识度和吸引力。所以希望古村之友能够在中国的乡村文化保护上面起到更加重要的作用。

对于洛带古镇，我有一个很深的感触，就是我们一个失败的决定分分钟都有可能毁掉一条老街，毁掉一个小镇。作为学者，我们应该尽最大的努力，去保留这些老街，保留这些古镇。就是因为一条1200米长的街，所以洛带现在保留下来了，成为成都周边一个很著名的景点。我们做了一些尝试，让传统的工艺和材料继续在这个小镇能够发扬光大。

西藏鲁朗国际旅游小镇是在古镇古村传统建筑学现代化基础上的升级版。我受委托承担这个项目的时候，向广东省政府提出一个先决条件，就是一定要确定我作为总设计师，确保设计风格和整体形态的一致性。现在建成后的鲁朗国际旅游小镇受到了很多好评，还有国际的广泛关注。这是西藏自治区成立50周年来第一个旅游小镇，整体采用了西藏传统的建筑风格。但西藏传统的风格并不是没有创新，我们是在传统风格的基础上来进行的二次创造。因为木结构很复杂，我们在设计木结构的时候，委托拉萨的一个木结构公司辅助设计。我们之前设计过很多小镇，但鲁朗小镇的工作量远远超出我们的预期。按照国家正常收费标准，要做到这样的程度，250多个单体建筑，每个建筑单体形态和彩画都不一样，这要付出非常大的努力。

洛带古镇

在设计安置房的时候，我有一个特别的理念就是一定要创造营商环境，因为你帮助当地居民安置了房子就一定要让他们有收入来源，让他们活得更好，这才叫美丽乡村。不能像有些地方盖六层的房子，又有电梯，把大家搬进去，原来养狗的养不了，养鸡的养不了，种菜的农民搬进了楼房却失去了菜地，让原住民断了生活的来源。所以我觉得新型的美丽乡村一定要让原住民过更好的生活，这才是我们努力的方向。

一个偶然的机会我接触到了河源佗城，当时我就觉得佗城是了不起的，因为它是岭南开埠第一城，客家文化的发源地。经过了四年时间，佗城并没有大的破坏和改变。我们完成了这个古镇的规划设计之后，一家上市公司马上接手了这个项目，筹措引进了一个基金，这样就给这个古镇带来了新的希望。我认为这是一个很好的城乡建设模式，先做一个好的规划设计，然后向社会做推广，扩大投融资渠道，最终实现项目的落地，达到高品质的改造升级效果。

鲁朗国际旅游小镇

五、寄语

希望在我们的努力下，中国传统的村落能够不断地进步，能够不断地被保护下来，能够不断地可持续地发展，能够通过美丽乡村体现我们的田园思想，体现我们中国人的伟大农耕文化，展现我们热爱自己的故乡、热爱自己的故土的情怀，让我们生活在中国传统文化里，生活在中国传统空间里，做一个真正的中国人。

河源佗城

关于特色小镇的系统性思考

文 / 姜晓刚

姜晓刚，浙江南方建筑设计有限公司，副总经理，高级工程师

—— 南方设计关于特色小镇的解读与设计经验分享

特色小镇是以产业为核心的有机复合体，承载了国家经济结构转型的重要使命，它比以往任何一种形式的设计都要复杂得多。如何突破原有设计思维局限，以创新的理念和方式为小镇塑造生命，成为这几年南方设计面临的巨大挑战。在不断探索的过程中，我们对特色小镇有了更为全面的逻辑梳理，并构建出自有的小镇理论体系及运作模式，取得了令人瞩目的成绩。

南方建筑设计有限公司参与了特色小镇从诞生到发展的整个过程。作为特色小镇的实践先行者，我们先后参与设计了玉皇山南基金小镇、梦想小镇、云栖小镇、艺尚小镇、中国青瓷小镇等 300 多个特色小镇项目，奠定了行业龙头地位，也越来越感受到特色小镇的魅力与价值。

一、特色小镇的发展历程

特色小镇生于浙江，长于浙江，再从浙江走向全国。这是一场诞生于中国经济体制改革中的伟大实践，每个国家经济发展都有自己独特的历程，中国也不例外。

1978 年至 1998 年是我国生产要素集中的第一阶段，也被称为"成本驱动阶段"。以低廉的劳动力和环境成本为代价，通过"世界工厂"的方式完成第一轮资本积累。但中国经济要继续腾飞，势必要加快工业化进程，而工业化进程需要城镇化进程支撑。城镇化水平又需要基础设施的大量投入，如何快速满足巨大的投资需求？1998 年，以"房地产改革"为标志，中国迎来了第二个阶段，即"投资驱动阶段"。政府通过"土地财政"的融资方式，迅速积累资本推动城镇化进程，大量的产业园、产业新城应运而生，在此后的 20 多年里中国连续保持工业化进程的高速增长，经济总量已跃居世界第二位，创造出令世界惊叹的"中国速度"壮举。

然而，随着人口红利等优势日趋消失，中国人口、土地、资源、环境的矛盾日益凸显。2014 年前后，以东部发达城市群为主导，开启了第三个阶段的转变，即"创新驱动阶段"。创新驱动包含高端人才、高端技术、高端企业和高端产业四方面内容。高端产业是由高端企业构成，高端企业是以高端技术为支撑，高端技术依靠高端人才。因此，从根本上看，特色小镇就是让高端人才进入到产业领域，激发其创

造性，进而探寻到新的经济发展路径。从此，特色小镇登上了历史的舞台，产业转型升级的大幕缓缓拉开。

二、特色小镇的政策研究及发展驱动力

1. 特色小镇到底是什么？

近些年，国内关于特色小镇有过很多种提法，如住建部在 2016 年 7 月提出的"特色小城镇"，房地产商引导搭建的"住区小镇"，以及由浙江省发改委提出的以浙江模式为代表的"特色小镇"等。提法不同，内容不同，做法也不相同。事实证明，最能经得起实践考验，取得实质性成果，也是目前国家在一直强调的就是浙江省特色小镇模式。

2015 年 9 月，中财办主任刘鹤调研杭州玉皇山南基金小镇、梦想小镇、云栖小镇时，

梦想小镇

对浙江特色小镇建设模式给予高度评价，认为是找到了政府和市场的正确结合方式。2015 年 12 月，浙江省特色小镇建设得到了习近平、李克强、张高丽等重要领导的重要批示，即特色小镇是供给侧改革的重大创新，是新常态经济升级转型的重大抓手，是新型城镇化的创新发展模式，是大众创业、万众创新的有效尝试，特色小镇大有可为，各地应因地制宜学习借鉴，同时政府不可大包大揽。

浙江省特色小镇之所以能够成功，是因为它是以浙江"块状经济"为建设主体，以现有产业集聚区为基础——而不是以行政建制小城镇为主体，聚焦信息经济、环保、健康、旅游、时尚、金融、高端装备制造等支撑我省未来发展的七大产业，兼顾历史经典产业（黄酒、茶叶、丝绸等），坚持产业、文化、旅游的"三位一体"，坚持生产、生活、生态的"三生融合"，打造特色小镇产业单打冠军。由此可见，特色小镇不是行政区划概念，也不是产业园区概念，而是一个具有明确产业定位、文化内涵和旅游功能的产业发展空间载体。也就是说，它是一个以产业为核心、以项目为载体、生产生活生态相融合的特定区域。特色小镇是政府关注的热点、地方经济发展的热点、城市与乡村的枢纽，真正找到了中国社会发展的关键穴位。

2. 关键条款解读

2015 年 4 月，浙江省人民政府出台《关于加快特色小镇规划建设的指导意见》，这意味着特色小镇正式进入到规范、系统的管理及建设阶段，成为在特色小镇建设工作中最为重要的参考指导。设计师们应该在第一时间组织核心力量认真研究该《指导意见》，对其关键条款进行解读。

·关键条款一：特色小镇规划面积一般控制在 3 平方千米左右，核心区控制在 1 平方千米左右
解读分析：围绕高端人群和创业者的需求，特色小镇一定要符合"10 分钟步行工作生活圈"的空间特征，避免盲目扩张和贪大求全，突显"小空间大集聚、小平台大产业、小载体大创新"的特点。

·关键条款二：特色小镇原则上 3 年内要完成固定资产投资 50 亿元左右（不含住宅和商业综合体项目）
解读分析：确保产业核心和项目载体，避免"房产开发进乡镇"。

·关键条款三：所有特色小镇要建设成为 3A 级以上景区，旅游产业类特色小镇要

按 5A 级景区标准建设

解读分析：良好的生态环境是所有高端产业的产业要素之一，可确保产业发展的生态、绿色和可持续，以 3A 级景区标准确保高端人才的生活配套，但对旅游人次和收入等数据没有任何考核要求。

· 关键条款四：采用"宽进严定"的创建方式，通过 3 年左右考核，验收合格后被认定为省级特色小镇

解读分析：实行考核式，小镇被列入名单之后要 3 年以后才能决定能否挂牌，在这期间每年都要年审，如果不合格不但拿不到奖励，还要加倍倒扣。

三、对特色小镇涵盖维度的剖析

从特色小镇出现到现在只有两年多时间，还没有形成可借鉴、可复制的成熟机制与模式。这种复合形态的有机体如同一个微型社会，在设计之前，必须清楚这个社会中包含的形态有哪些。我们在众多特色小镇案例中摸索、研究，进而总结得出特色小镇是多维度复合的生态体系，八个维度紧密相连、缺一不可。

1. 产业维度

产业是特色小镇的核心。

· 主导产业定位精准

浙江特色小镇主要是以块状经济为建设主体，即以现有产业集聚区为基础而非行政建制小城镇为主体。这是因为浙江民营经济非常发达，市场化程度高，很多小镇都形成了自己的产业，如专业生产笔、袜子、水晶等，形成了生命力非常强、非常有活力的经济集聚地，最终再冠以特色小镇的名义，给予相应的政策、资金支持，引导小镇持续发展。

浙江特色小镇坚持打造产业"单打冠军"。在浙江，大量特色小镇都有自己的主导产业，并塑造产业形象。比如，袜业小镇占据了全世界 80% 的袜子生产，实际上已经是产业上的世界冠军。

· 配套产业齐全完整

企业一开始来到小镇往往是因为政策，来了之后如何让它在这里生根发芽，而不

是完全因为政策，就需要齐全的配套产业。比如基金小镇有银行、信托、担保、保险、专业的律师事务所、会计师事务所、网络安全机构、行业数据研究中心。可以说，基金公司所有需要的配套小镇里都有。

截至 2017 年 5 月底，玉皇山南基金小镇已集聚股权投资类、证券期货类、财富管理类机构 1556 家，资金管理规模突破 8350 亿元，投向实体经济资本规模 3026 亿元，项目数 930 个，其中投向省内资本规模 806 亿元，成功扶持培育 98 家公司上市（含 42 家新三板企业）。而在两年前，它只有现在的 1/40 左右，无论是个数还是资产管理规模。两年前的税收只有 2.4 亿元，2016 年的税收 10.4 亿元，2017 年 5 个月的税收已实现 9.79 亿元，预计全年税收超过 40 亿元。值得注意的是，房地产典型的地产思维限制了它在产业结构里的位置，即末端服务业位置，并不能真正撬动整个地方经济。所以当前一些地方把城镇化等同于"房地产化"，忽视了产业的发展。

玉皇山南基金小镇

· 植入产业转型升级

特色小镇的产业发展是一个动态的过程，根据这个发展变化的过程进行产业发展转型升级的调整。浙江省的特色小镇通常是有一定产业基础的，一开始都是以产业转型、改造为主，这样降低了风险，等引爆基础产业以后再升级。一是从现有产业出发，转型升级做加法。二是从弹性角度出发，针对里面的交通、区位、基础、环境等一系列问题，植入新的产业。

玉皇山南基金小镇经过两次植入才有了今天的成就。第一次植入在 2008 年，公司打算把总部搬来玉皇山村，和政府说那里可以整治之后做高端产业（如国际创意产业园），把景观资源变成景观资本。这次植入很成功，荣获 2013 年度"龙腾奖 - 中国创意产业年度大奖"最佳园区奖，这次植入定位了未来以创意产业作为小镇的主导产业。第二次植入在 2013 年，我们建议管委会能不能引进一些基金、金融等高端产业的公司，如赛伯乐、敦和等。事实证明，这两次植入都非常成功。梦想小镇离阿里巴巴很近，旁边就是杭师大、浙大，再者整个城西的互联网产业氛围很好，所以这里植入的就是互联网创业产业。

2. 政策维度

政策是特色小镇的前提。

在特色小镇规划建设中，首要阶段应由政府来引导，企业为主体，市场化运作。目前中国最成功的特色小镇——玉皇山南基金小镇，当时参照的是美国格林威治基金小镇规划建设的，格林威治最近出现了萎缩的现象，因为他们所在的康涅狄格州要征收 19% 的基金税，所在的基金公司大量外流。由此可见，无论在中国还是世界其他国家，政策都是首要的前提。

・充分利用现有政策
特色小镇有国家政策、省级政策、地市级政策和区县级政策，每个特色小镇的核心是产业，产业也需要政策的保障。充分利用现有政策措施，把市场发展基础打得更牢，维持特色小镇长期健康发展。

・针对特色小镇不同特质制定政策
特色小镇这样的新生事物本身具有很多不确定性，它所面对的人群、产业完全不一样，针对特色小镇制定符合市场规律的适应性政策，明确当地特色小镇发展的思路、重点、工作目标和相关政策措施是建设特色小镇的前提条件。比如梦想小镇发展的是互联网产业，针对这个产业制定什么政策才能更好地吸引、聚拢人才就是政策层面需要思考的问题。

此外，政府要负责小镇的定位、规划、基础设施和审批服务，引进民营企业建设特色小镇。企业在一开始做特色小镇的时候需要和政府达成一个根本性的协议，为特色小镇的发展奠定基础。

3. 运营维度

运营是特色小镇的保障。

・政府的角色
运营要解决政府和企业的关系，政府首先要制定规则、制定符合市场规律的政策。其次要通过法律、合同的方式维护规则并导入资源，通过市场来运作。政府不单单是土地的供给者或是基建、配套工程的提供者，也是中国最大的一个"公司"，从而源源不断地为特色小镇植入资源。

2015 年 5 月 16 日，"2015 全球对冲基金西湖峰会"在杭州开幕，浙江省副省长朱从玖、杭州市市长张鸿铭共同为玉皇山南基金小镇揭牌，邀请了全世界最出名的几家基金公司。通过这一事件，撬动了中国版"格林威治"基金小镇，这就是政府资源导入的作用。

我们认为政府在特色小镇建设中担当的角色经历了四个阶段：
1.0 阶段　启动引爆阶段——政府主导，撬动市场，引入企业；
2.0 阶段　孵化培育阶段——政府引导，市场主体，企业运作；
3.0 阶段　加速发展阶段——政府服务，市场规范，企业拓展；
4.0 阶段　成熟发育阶段——政府放权，市场运营，企业孵化。

·小镇管委会的角色
在行政机制和市场机制没有办法完全接轨时，小镇管委会能起到非常好的黏合、嫁接作用。它主要做两个事情，一是落实政策，二是服务企业。

小镇管委会在不同的小镇中的角色定位是不一样的。比如云栖小镇采用"1+1"模式，即 1 个管委会 +1 家龙头企业（阿里巴巴），负责整个小镇大大小小的事情；梦想小镇原先采用"1+1+9"模式，即 1 个管委会 +1 家整体运营商（菜根科技）+9 家孵化器公司，现在是"1+1+35"模式，孵化器公司由原来的 9 家增加到 35 家，共同为 300 多个创业团队，将近 10000 个创业人才提供服务；玉皇山南基金小镇采用"1+4"模式，即 1 个管委会 +4 家龙头公司（南方设计、思美传媒、敦和、赛伯乐）。从以上案例可以看出其实小镇管理模式有很多种，关键在于小镇应以何种模式运作，才能形成与政府的长效合作机制。

·平台公司的角色
平台公司需具备几个特点：首先它处于行业链的中前端的位置；其次它是市场规则的制定者和维护者；最后它具备强大的撬动产业能力。如果地产商要成立平台公司，就可能需要通过定购、合作、培养出自己的能力，否则只能变成内容公司。

特色小镇真正找到了政府和市场结合的抓手，政府的执行力、动员力、组织力和市场规律结合起来，从而推动和大大压缩整个经济发展的周期，这样才能真正把欧美国家需要 50 年、100 年时间完成的特色小镇在 3 年、5 年内完成。

4. 金融维度

金融是特色小镇的引擎。

持续稳定的资金来源成为特色小镇发展的关键，与此同时，特色小镇的投资收益也是大家关注的重点。所以，一方面，特色小镇需要破解建设的"融资难"问题。

另一方面，特色小镇需要多样创新的盈利模式吸引各方支持。

每个特色小镇都是一个经济热点，里面有大量的高成长型的中小企业和大量的创业者。我们认为，特色小镇有了明晰的产业，就可以从产业入手，先设立产业引导基金、母基金，再把私募基金，包括互联网金融、众筹融资等嫁接进来。特色小镇既然是创新产物，政府要创新，企业要创新，市场要创新，产业要创新，我们的盈利模式也得要创新。

艺尚小镇

传统的盈利方式主要有五种：第一种是PPP，旱涝保收但实施难度较大；第二种是在建设里获得盈利，如国投、城投公司；第三种是房地产开发；第四种是直营部分，如经营酒店；第五种是收取租金。

那么，在特色小镇内部到底如何做金融？无论是PPP、开发商还是投资者，想要参与到特色小镇建设中来，首先盈利模式要发生巨大变化。现在有些企业在不断研究新的模式，寻找新的突破口，比如与地方政府签订税收增值分成协议，一级土地开发增值收益，股权投资（投资高成长型企业），模式输出，运作上市等方式。

我们认为，特色小镇是从中央到地方的争执的经济热点，它也是每个地方产业的热点和高地，2014 年至 2020 年这段时间与 1998 年至 2003 年一样，都处于一个国民经济转型的时代，谁能抓住机遇，转型成功，就能在下个经济周期处于优势地位。

5. 物理空间维度

物理空间是特色小镇的载体。

物理空间这个维度是我们设计公司最擅长做的事情。要想打造好一座特色小镇，需要解决好一系列系统性课题，这就需要相关部门形成联合体的工作机制共同应对。在南方设计之前完成的特色小镇规划设计中，政府与设计单位的角色并不是传统意义上的甲方乙方的关系，而是由政府、设计团队、创客群体组成联合工作平台，整合团队和资源，整体运营，协同发展，整体规划，分期实施。

以杭州梦想小镇为例，它的拆迁安置办法、资源导入办法等都是我们配合政府共同完成的。首先我们确定团队人员和工作方式，然后开始进行详尽的调查。通过一系列的梳理，政府原本计划拆迁安置费用由 6 亿元减少到 5000 多万元。南方设计以物理空间为圆心，逐渐形成良性循环生态圈，设计类和非设计类的专业都有，各行各业都有，可以为特色小镇各个维度进行服务，从而打造出生态、生活、生产协同合作、共生共荣、共享发展的品质生活。

6. 科技维度

科技是特色小镇的未来。

特色小镇如何促进企业转型升级？如何推动政府的高效治理？如何通过互联网手段将小镇与小镇之间串联起来、小镇与社会串联起来，实现产业互补？这些都要建立在科技发展上。所以，要充分发挥科技支撑和引领作用，积极参与和助力特色小镇建设，集聚创新人才，转化科技成果，打造创业平台，营造创业生态，形成技术转移、科技成果转化产业化的创新服务链，打通特色小镇科技与经济结合的通道，加强有效科技成果供给。把特色小镇打造成为创新创业、培育发展新兴产业的重要载体，成为创新驱动发展、引领经济转型升级的重要基地。

7. 互联网维度

互联网是特色小镇的工具。

互联网就是要营造一个开放的生态系统，要把过去孤岛式的节点连接起来，形成小镇生态内外有机交换，各要素间的交互、分享、融合、协作随时、自由地发生，同时允许保持小镇自己的独立、个性与特点。

通过互联网手段把各个特色小镇串联起来，小镇与社会串联起来，形成一个资源平台，从而实现产业互补、促进企业转型升级、推动政府高效治理。

8. 文化维度

文化是特色小镇的灵魂。

新的开发模式下，产业与文化将是特色小镇的发展优势与动力。一个优秀的特色小镇需要具备深厚的文化内涵，包括文化功能、历史文化、创新文化、产业文化、

艺尚小镇

社区文化、物态文化、行为文化等。通过对小镇文化内涵的保护、挖掘与重构，重新唤起小镇居民的文化认同和乡土情感，营造天人合一的境界，保障文化的发扬与传承。

四、以创新的工作模式灵活应对"没有项目书"的特色小镇项目

由于特色小镇项目复杂、复合，南方设计需要不断挖掘新的思维方式和工作逻辑，从而形成自己独特的理论框架和操作流程，认为"以联合体来共同面对系统性课题"的工作机制最为适宜。

近两年，南方设计接手的特色小镇项目经常面临着这样的情况：一是没有任务书；二是建设时间短、建设要求高；三是没有可借鉴的建设经验。这些问题让我们深深地意识到必须要承担设计之外很多的责任。

比如对梦想小镇的改造规划，面对如此复杂的项目，我们深知必须整合各方面的资源，才能在如此短的设计时间里少犯错误，更高效地完成任务。南方设计采用大项目制，设立技术委员会、项目执行总负责、项目经理、整体控制团队、其他专业主创团队等进行分工合作。当即投入到梦想小镇项目中来的团队共计 17 个，外加外部合作顾问团队 6 个，参与项目的设计师 108 名。在多团队合作过程中，每个团队思考问题的角度、方式和专业能力的侧重点不同，让这个项目面临的复杂问题得到充分的呈现和考虑，并体现出足够丰富的活力和想象力。而工作营模式和信息的充分共享，保证了项目在一定程度上的整体性和连贯性。

在为时 1 个月的调查过程中，我们一共制作了 3 个整体工作模型，进行 12 次航拍，500 多人次现场踏勘，拍摄 11000 多张现场照片，与 400 多位当地居民深入访谈，为 697 栋建筑建立完整的建筑档案。拆除违建和危房 287 栋，修复古建 28 栋，新建及原拆原建 114 栋，立面及整体改造 371 栋；同时补建、修建、新建文化节点 15 处、古民宅 21 处，沿塘河埠头 26 处，井 9 口，老桥 7 座。

"以联合体来共同面对系统性课题"是一个系统性工程，真正要达到联合的效果，实现优势互补、1+1>2 的目标，需要确定联合体管理小组成员及各成员的内部分工；确定项目责任体制，明确项目人员组织机构；制定项目整体目标；确定联合体的管理流程，统一标准；编制项目管理大纲；制定项目的考核目标及标准等。

工作模式的创新有利于更有广度、有深度的全面解决特色小镇的问题，更好地打造特色小镇的"特色气质"，使南方设计成为特色小镇规划设计的领跑者。但这种工作模式是南方设计现有体制的独特产物，不一定具有普适性，它刚好也印证了我们企业文化中"和而不同"这一点。

五、特色小镇的美好未来

一个个小镇，就像一个个产业创新升级的发动机，又像是一个个开放共享的众创空间，既集聚了人才、资本、技术等高端要素，又能让这些要素充分协调，破解经济结构转化和动力转换的现实难题，释放出创新动能。

特色小镇，独具产业"特而强"、形态"小而美"、功能"聚而合"、文化"特而浓"的特点，被寄予了推进供给侧结构性改革和新型城市化的厚望。特色小镇不是一个简单的、短时效的事物，它有可能会演变成为下一个经济周期，也就是未来一二十年的新的经济发展模式。

此文章写于 2017 年

旅游小镇的设计理念与规划特点

文 / 陈可石

——中营都市关于特色小镇的解读与设计经验分享

中国社会经济的发展特征及时代任务促使"特色小镇建设"进入强效化推进和爆发式增长阶段，作为特色小镇的重要类型，旅游小镇具有其独特的内容内涵特征与发展模式路径。

特色小镇概念定义

特色小镇是具有明确产业定位与文化内涵，生产、生活、旅游、居住等功能叠加融合，呈现产业特色化、功能集成化、环境生态化、机制灵活化，具有明确空间边界的功能载体平台。

旅游小镇概念定义

旅游小镇即旅游特色小镇，是依托区位、自然资源、人文资源、特色产业、特色社区等优势发展旅游产业，并使之与其他相关产业、居住社区、其他旅游区（或风景区）发生交互关系的特定区域。

特色小镇与旅游小镇特征比对

	特色小镇	旅游小镇
产业	涵盖范围广，核心锁定最具发展基础、发展优势和发展特色的产业	旅游产业是小镇的核心产业、主导产业或最具潜力 / 特色产业
功能	产业、文化、旅游、社区一体化的复合功能载体	旅游功能是必备功能，可兼有其他功能
规模	视产业规模而定	视产业规模而定
形态	行政建制镇，或是有明确边界的非镇非区非园空间，或聚落空间、集聚区	小城镇，风景区、产业园、旅游区（景点）集合地，或综合体及非行政建制小镇

一、发展全域旅游的核心是建设旅游小镇

旅游小镇是发展全域旅游的排头兵。 2016年9月在第二届全国全域旅游推进会上，国家旅游局局长李金早表示，进入全新的发展时期，旅游也应贯彻落实五大发展理念，必须转变发展思路，创新发展战略，推动我国旅游从景点旅游向全域旅游转变。全域旅游发展观已成为指导各地旅游发展的先进思路，为各地的旅游建设起到积极的推进作用。而旅游小镇作为全域旅游结构下的重要组成部分，拥有广阔的市场基础与充分的资源优势，成为发展全域旅游的排头兵。

鲁朗国际旅游小镇

旅游小镇可以作为全域旅游的试验田和示范区。 对于旅游小镇来说，拥有诸多开展全域旅游的优势，可以作为全域旅游的试验田和示范区。其一，旅游小镇具有扎实而丰厚的旅游基础，旅游要素配套较为齐全。其二，旅游小镇占地不大，大力推进全域旅游，既易于通揽统筹、贯彻到位，也便于匡正不足。其三，业界对旅游小镇在旅游产业发展的重要性有高度共识，无论是监管者，还是业主和商户，都期望加快提升旅游质量与效益。

以全域旅游的优势来发展旅游小镇，建设宜居城镇。 旅游小镇是以旅游产业为主导的城镇单位，其自身拥有丰富的旅游资源与强大的旅游吸引力，对区域经济发展起到巨大的作用。在全域旅游背景下融入旅游小镇的发展，可以更好地指导与整合产业与资源的优势，使旅游小镇变成独一无二的综合性旅游产品。因此以全域旅游的优势来发展旅游小镇，可以使旅游小镇建设更加规范化、系统化、全面化，彻底发挥旅游小镇的巨大优势，将城镇建设得更加优美、宜居。

二、旅游小镇的设计理念

1. 绿色新田园城市组团

·依据绿色新田园城市组团理论基础，提出旅游小镇合理的组团空间发展模式，引导旅游小镇发展

在中国城镇化快速发展的当前时期，需要关注如何在中国旅游小镇规划设计中引

风水规划理论以及魏晋开始的中国田园主义哲学思想相结合进行了大量的理论研究和实践，并提出了绿色新田园城市理论，并在汶川水磨镇、西藏鲁朗国际旅游小镇、成都洛带古镇、四川甘孜乡城、甘孜县城、深圳大芬艺术小镇、大理古城、中山翠亨小镇、贵州下司古镇、隆里古镇等旅游小镇项目设计中实践了中国绿色新田园城市梦想。

·**绿色新田园城市组团设计要点**
两平方千米的基本组团
- 十分钟步行距离决定基本组团规模
- 小学位于步行网络的一端
- 组团内要有完善的综合服务与商业配套
- 多元化的住宅

基本组团内一定要有中央公园
- 基本组团内中央公园
- 组团内的绿地系统
- 创造人与自然的美好关系

慢行系统与公共空间设计
- 以步行为主的慢行系统
- 组团内的公共空间系统

基本组团的交通与边界
- 组团内公共交通和对外交通出口
- 过境交通不要穿过基本组团
- 边界设计

高密度、功能混合、自给自足
- 高密度、紧凑型发展
- 高密度城市的三种模式
- 混合功能
- 大学校园是绿色新田园城市理想组团模式

绿色技术与材料

○ 清洁能源

○ 水资源循环利用

○ 屋顶绿化与立体绿化

○ 地方材料与生土建筑

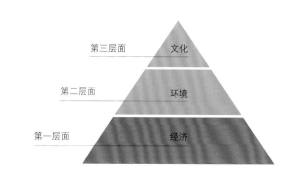

第三层面 文化

第二层面 环境

第一层面 经济

2. 城市人文主义

从古希腊罗马,到文艺复兴和启蒙运动,"人文主义"思想逐渐从起源走向成熟,
并由此涌现出了一大批思想家、哲学家、科学家和艺术家。开启了崭新的文化艺

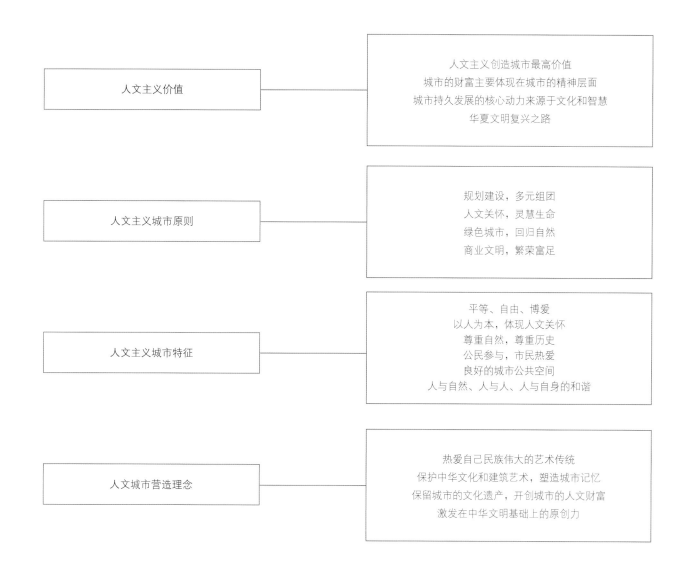

| 人文主义价值 | 人文主义创造城市最高价值
城市的财富主要体现在城市的精神层面
城市持久发展的核心动力来源于文化和智慧
华夏文明复兴之路 |

| 人文主义城市原则 | 规划建设,多元组团
人文关怀,灵慧生命
绿色城市,回归自然
商业文明,繁荣富足 |

| 人文主义城市特征 | 平等、自由、博爱
以人为本,体现人文关怀
尊重自然,尊重历史
公民参与,市民热爱
良好的城市公共空间
人与自然、人与人、人与自身的和谐 |

| 人文城市营造理念 | 热爱自己民族伟大的艺术传统
保护中华文化和建筑艺术,塑造城市记忆
保留城市的文化遗产,开创城市的人文财富
激发在中华文明基础上的原创力 |

术和城市生活，创造了理想王国的城市图景与和谐完整的城市景观。纵观人类文明的进步和城市的发展过程，就是一部不断发现"人"，不断继承并创造人类文化的过程。 因此，将高举"城市人文主义"的大旗，在城市规划中不断继承传统文化，创造新的文化；不断发现"人"，陶冶"人"，实现人的价值，迈向伟大的城市人文主义。

·传承中国古典建筑学与文艺复兴人文主义思想

关注中国传统建筑学的传承与创新，从人文主义的价值观出发来思考旅游小镇的城市设计和建筑设计。中国古典建筑学是城市人文主义理论最重要的出发点，贯穿中国近 3000 年的规划设计理论和儒家文献也是他研究中国传统建筑学如何走入现代化的理论基础。

·城市人文主义是旅游小镇应该坚持的人文价值观

2008 年四川汶川大地震灾后重建，在水磨镇设计中首先提出了城市人文主义的理念。水磨镇的设计通过产业的调整，以文化作为旅游小镇可持续发展的核心理念，在设计中采用总设计师负责制，以城市设计为先导，多种设计手段并行，将川西民居、羌族和藏族建筑结合的山地小镇丰富的空间形态，亭台楼阁和湖面形成独具特色的景观格局，再现了中国传统诗意小镇之美。最后的结果是水磨镇通过灾后重建复兴了羌藏传统建筑学而成为汶川灾后重建诞生的 5A 级景区和全国著名旅游小镇，受到中国政府的高度肯定并获得国家最高奖。水磨镇的成功在于为原住民设计了一种可持续的生活方式，也在于设计方案基于人文主义价值观，从文化重构的角度来规划设计古镇。水磨镇的实践使我们开始认真思考如何从人文主义的角度理解传统建筑学，并在现代生活中得到诠释。

汶川水磨镇

3. 景观优先

·强调自然景观要素在城市设计中的重要性

景观优先是旅游小镇设计中一直被强调的设计原则。景观优先强调自然景观要素在城市设计中的重要性，是一种以生态可持续和景观功能为出发点、在平衡其他因素后以景观为主导的设计理念。将景观优先设计理念引入城市设计意味着设计要结合自然山水，维持城市生态结构的完整性、连续性，同时强调注重景观体验。山地小镇地形起伏变化大，空间立体感强，传统的二维规划很难直观地表现城市整体景观、土地利用和重要项目布局，因此有必要首先针对山地小镇的形态、景观和项目布局提出三维的总体城市设计方案，以此为基础再细化到建筑单体与景

翠亨国际旅游小镇

观细部，使整体与局部和谐统一，规划设计特色鲜明。

· **保护和构建城市的山水格局**

景观优先的特征首先是保护和构建城市的山水格局。城市原有的大山大河、自然保护区等是原有绿地系统的骨架，也是重构城市结构和绿色基础设施的重要基础。将原有山水特征作为规划和设计的起点，永久性地保护并成为限制城市蔓延、明晰城市边界、避免景观破碎化的绿色屏障，确保地域景观的真实性和生态系统的完整性，是对原有自然体系的尊重和保护，对于城市的微气候调节、饮水安全、水土保持、延续基地文脉和营造居民的场所感与归属感具有重要意义。

· **景观优先的核心是创造自然景观和人文景观最大的价值**

世界上成功的旅游小镇，都是创造了景观的最大价值，让自然景观和人文景观作为旅游小镇最大的吸引力和魅力。这也是旅游小镇设计的难点之一。有可能在设计的过程中破坏了自然景观而达不到预期效果。所以对景观的构思需要非常谨慎小心，要最大程度上保护整个自然生态环境，在这个基础上创造一些吸引人的景观、场景和画面。景观优先就是创造旅游小镇的诗情画意。诗情画意是旅游小镇设计非常重要的元素，在整个空间布局和建筑设计，包括景观布局，都要体现这种意境。

4. 形态完整

·强调多维度综合考虑的整体性城市设计

形态完整是在特定的时空条件下，城市空间系统内部各要素的结构稳定、功能正常、组织有机、系统开放的一种相对景气状态；表征为各种元素之间的不可或缺和相互和谐，体现出一种互存共生、相互关联、整体有机的形态构成原则；它是时间、空间和活动的综合，自然、社会和人工环境的统一。通过对自然环境的适应，创造适合地方物理环境和资源条件的舒适空间；通过对社会环境的适应，建构历史、现实和未来之间的联系，并使实现的需求与未来的发展相关联；通过对地域文脉的关注，塑造人性化的，丰富多样，具有个性特征、反映地方特点的城市生活空间。

可见，形态完整理念下的城市设计不仅是单一的物质空间形体设计，还是包含多种影响城市形态生成因素的设计，是一种强调多维度综合考虑的整体性城市设计。

·首先确定整个空间布局上形态完整的目标

成功旅游小镇最大的特点之一就是形态完整。建筑学也是一种语言，旅游小镇本身的语言体系要完整，很多旅游小镇吸引人的地方，恰恰在于它们的形态完整性。

所以旅游小镇在设计一开始，就要确定在整个空间布局上形态完整的目标，这是贯穿始终的一个非常重要的原则。传统村镇之美在于建筑语言的统一和建后形态的完整。以鲁朗国际旅游小镇为例，鲁朗的设计必须做到整体的形态完整，所以我们从规划设计方案伊始就考虑到未来小镇的形态设计的整体风格。

鲁朗国际旅游小镇在形态完整的理念指导下，首先保持了整体统一的形态，实现了整体建筑群与山水融合，保证了建筑街巷形态的多样与统一，营造了连续且开放的公共空间，为游客提供了良好的步行体系，还重视游客的视觉体验，注重景观视线的延展性，形成了丰富的景观层次，实现在小镇大部分区域都可近观湖面、河流，中观湿地、草甸，远观森林、雪山。其次，鲁朗国际旅游小镇在形态完整的理念指导下，充分发挥其生活居住、文化旅游、旅游接待的功能，形成了满足所有潜在需求的复合功能体系。最后，小镇还实现了文脉上的延续和时间上的连续。

5. 地域性、原创性和艺术性

·地域性包括对地域符号的传承及当地传统材料的运用

以鲁朗国际旅游小镇为例，鲁朗最珍贵的地域特征就是对西藏林芝工布藏族建筑学的反映，这些建筑是整个小镇的基础，是地域性的代表，是整个小镇建筑学的支撑。鲁朗国际旅游小镇采用当地的材料，比如木材、夯土和石材。木材在林芝是比较丰富的，木材是表达地域性非常重要的材料。西藏的阿嘎土主要运用在屋顶和庭院里以及室内的铺地，设计方案考虑将阿嘎土作为鲁朗国际旅游小镇主要的地面材料。西藏主要将石材运用在地面和墙体。鲁朗国际旅游小镇的石材铺法采用阿嘎土和大石块铺地的结合。

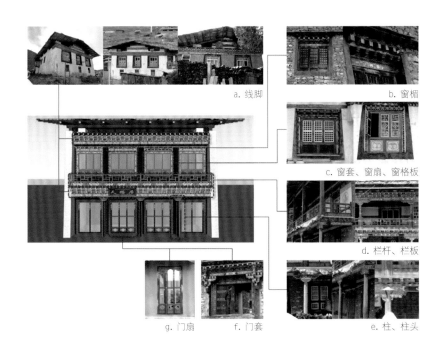

a. 线脚
b. 窗楣
c. 窗套、窗扇、窗格板
d. 栏杆、栏板
g. 门扇
f. 门套
e. 柱、柱头

鲁朗国际旅游小镇传统木结构专项设计

·旅游小镇必须反映出设计语言的创新，绝对不能复制其他的旅游小镇

设计方案对于鲁朗国际旅游小镇最大的贡献就是原创性，唯有原创才是最大的价值。商业街作为鲁朗国际旅游小镇重要的部分，充分体现了工布藏族建筑的特点。首先这条街沿着河，街的走向和河的走向相互呼应，设计这条街时通过十多次现场考察，确定它的走向、布局、模型、街道景观，包括水沿着街的走向，这些都是非常重要的原创，在西藏是绝无仅有的。而工布藏族不是很重视经商，没有真正成熟的传统商业街的出现，因此鲁朗镇这条街不可复制，景观和空间都是原创，每个细致的部分都做了考虑。

· 艺术性是旅游小镇规划设计最高的要求

结合鲁朗历史及综合现代建筑技术，并通过艺术加工创造出全新的藏式建筑。现在很多旅游小镇发展不起来很大程度上是缺乏艺术性，艺术性和传统建筑没有必然的等同性，很多古镇很有历史但不具备艺术性，很多新的旅游小镇由于缺乏艺术性也同样缺乏吸引力。在设计上要非常重视对于艺术性的追求，景观优先、形态完整是保证艺术性的大前提，艺术性代表这个项目的价值。艺术性表现在两个方面，一个是整体的形态和大尺度的景观，第二个方面主要表现在公共空间系统，就是建筑外部空间。

6. 带动古村古镇复兴

· 以满腔热忱来保护与提升古村古镇

古村古镇是中华五千年伟大农耕文明的载体，如果这个载体没有了，文化就不能传承下去。我们需要以城市人文主义价值观来规划、设计、保护和开发古村古镇，思考的出发点不同，得到的结果就会完全不同。古村古镇的保护与提升是一项事关中华文化伟大复兴的事业，设计师、投资者与原住民都要以爱心来对待这项事业。要热爱古村古镇，要有人文主义情怀。热爱一草一木、每一个村落、每一个建筑，热爱一石一物、每一段历史、每一个故事。

下司古镇

· 通过设计和创意提升古村古镇的价值

要以城市设计为先导，多种规划设计手段并行的整体设计方法，而不能用大城市的城市规划方法去规划古村古镇。古村古镇一定要形态完整，传统建筑学要得到发扬光大，传统建筑要得到保护，新老建筑要在形态上有所呼应，要在地域性的建筑语言上向前走，决不能在建筑语言上造成混乱，要最大程度上使用传统材料和传统工艺。通过设计和创意提升古村古镇的价值。每一个古村古镇要有自己的文化特征和环境特色，不能模仿和抄袭，要努力创造每一个古村古镇自身的特色和魅力，要具有自己的可识别性。

· 用产业带动片区旅游产业发展

用产业推动古村古镇保护与发展，以开发带动古村古镇的保护。古村古镇需要通过产业调整，在传统产业上植入文化、旅游、休闲、度假、养老、健康、生态和高新农业等现代产业。经济发达的古村古镇才是可持续的古村古镇。在旅游小镇设计中首先需要考虑的是旅游小镇建成后，在没有外来援助的情况下自身是否能形成经济生态系统的闭环。世界上成功的旅游小镇所具有的共同特点，就是在经济上自给自足，外来投资者获得投资收益，本地居民解决生活和就业，成为古村古镇发展的受益者，同时可以带动当地相关产业的发展，政府所获的收益又可以反哺当地，这样就能形成一个良好的循环。

7. "四态合一"的城市设计理念

"四态合一"的城市设计理念，即在旅游小镇设计过程中实现旅游小镇的生态、形态、文态和业态和谐统一发展。

·生态是旅游小镇实现可持续发展的关键因素

旅游小镇往往具有显著的自然资源优势，规划应强调生态优先，尽可能维护原有生态空间的整体性。在宏观尺度上，规划尊重原有的自然本底条件，构建整体性景观格局，体现地域景观的独特性。在小镇内部，规划合理预留景观廊道，与外部山水基质相连接，形成内外融合的景观生态骨架。同时，绿地的植物配置应尊重地方气候，以乡土植物为主。

·形态是旅游小镇吸引游客的重要外在条件

空间形态是旅游小镇吸引游客的重要外在条件。首先，在整体空间层面，规划因地制宜地组织建筑群的空间关系，强调小镇整体性布局的特色；通过城市设计的引导，对小镇建筑、街巷形态进行适度控制，确保空间形态的统一与多样。其次，在内部空间层面，注重旅游小镇空间形态与游览体验相结合，以最大限度地发挥旅游小镇的观光价值。

·文态对旅游小镇的规划建设起到引领作用

旅游小镇的文化包括传统建筑、城市风貌等有形的文化遗存，以及民俗活动、宗教信仰等无形的地方文化。旅游小镇往往承担着整个地区文脉传承的责任。即使新建的旅游小镇没有现存的有形文化遗存，也应当对整个地区的历史文化进行挖掘并予以延续。旅游小镇的规划建设应强调文化的引领作用。

·业态应综合考虑原住民与游客的需求

旅游小镇以旅游服务功能为主，功能业态是否完备直接影响到小镇旅游吸引力的高低。在功能配置时，应综合考虑原住民与游客的物质和精神需求；通过合理的功能配置与布局，使当地居民共享旅游开发成果。如此，既能为游客提供全面优质的服务，又能为原住民创造良好的居住环境与就业机会。

鲁朗国际旅游小镇

三、旅游小镇的规划特点

1. 以城市设计为先导的规划设计方法

·以城市设计为先导，多种规划设计手段并行

旅游小镇设计合理的方法是从城市设计开始，然后再做总规、控规。无论是从中世纪还是文艺复兴以后的欧洲小镇的实践来看，城市设计都是小镇规划设计最重要的一个技术手段。只有城市设计能够做到对景观优先和形态完整的考虑，这也是我们对过去十几个旅游小镇和古镇设计实践经验的总结。如果按照常规的设计过程，从总规、控规、修规、城市设计再到建筑设计，往往最后的结果是变成没有特色的景观。所以，以城市设计为先导、多种规划设计方法并行是我们在小镇设计上一直坚持的原则。

下司古镇

·城市设计是旅游小镇设计的核心

项目进行初期就提出首先应该做一个完整的城市设计方案，并在这个方案的基础上进行总体规划和控制性详细规划，这就会为之后的设计指明方向。所以，城市设计是旅游小镇设计的核心，城市设计所涉及的这些问题也是小镇最关键的问题。如果城市设计能够解决土地利用、功能布局、空间形态和景观布局的问题，总体规划就能够把精力放在应该考虑的那些方面，如交通组织和市政规划，而不是考虑城市设计要解决的那些问题。城市设计阶段提出的这些设想，也会在之后的总体规划当中得到体现。

·城市设计的出发点是景观优先、形态完整

在众多的规划设计手段当中，唯有城市设计是考虑到整个小镇形态、景观的，而且是优先考虑。不同的规划技术手段出发点不一样，城市设计的出发点就是景观优先、形态完整。中国传统的规划思想——风水、堪舆、查勘等也是运用了这种手法。现在中国很多小镇的规划是选择了一种自以为正确的规划手段和程序，但实际上的结果破坏了小镇的形态和景观。其原因是规划方案满足了总体规划和控制性详细规划的要求，但是却牺牲了小镇的历史、文化、生态、环境、景观和整体形态。

2. 创造公共空间系统

·以湖面和湿地作为旅游小镇的核心，形成空间景观节点

在尊重自然的基础上，旅游小镇应采用整体设计的手法，精细设计各个功能建筑的布局，从街区、景观、色彩、风格等方面做好总体控制，严格限定建筑高度、建筑形式和建筑密度，形成形态完整、和谐统一的整体。从整体结构出发，对重要核心和节点进行控制。以湖面和湿地作为小镇的核心，沿水系打造宜人风景，局部扩展开敞的公共空间，形成景观节点向周围辐射。以水系为不同片区的主要联系纽带，将自然景观引入小镇内，打造一个连续的、完整的景观环境，周边的建筑则相对自由布局，保持总体形态的完整。使游客在游览过程中感受到一个完整的城镇，一个能产生共鸣的城镇。

·开敞广场是旅游小镇重要的精神空间
广场的设置对于旅游小镇非常重要，传统的中国小镇都有广场的设置。对于广场最重要的是精神空间的营造，结合景观精心设计与营造广场的精神空间。在公共建筑前围合的聚集广场，对其交通流线、景观视线、功能分区、轮廓界面进行引导；尺度设计在满足人流集聚和疏散的需求外，能够烘托重要建筑的中心地位。

·商业步行街是展现旅游小镇魅力的核心区域
旅游小镇很重要的内容之一就是商业街，在这个街上集合了所有旅游小镇的商业特征。以鲁朗国际旅游小镇为例，设计构思初期就考虑沿河道平行设一条商业街。鲁朗镇商业步行街是鲁朗国际旅游小镇的商业片区，主要为鲁朗国际旅游小镇提供特色商业、特色餐饮及部分精品酒店服务。整个滨水商业步行街长约450米，宽度9至12米，延续并发展鲁朗小镇原有的城市肌理及布局，集中展现当地的民俗风情；这里提供了各种民族特色商业，让游客深入了解当地人的民俗习惯。融合藏式不同的建筑形态，采用藏族传统建筑群落的整体布局模式，形成有宽有窄、尺度适宜的自然街巷，精心营造出一条气氛浓郁的小镇滨水步行街。

鲁朗国际旅游小镇

第二章　生态旅游小镇

生态旅游小镇是利用原有的生态景观进行科学选址，深度打造，充分发掘当地旅游资源，把山水风光与当地人文文化联系起来，把民风民俗联系起来，通过研究升华，使之发扬光大，让游客不仅观赏了山美水美，还能享受到极具地方特色的地方文化。生态旅游小镇的生态环境良好，宜居宜游，可持续性较强。

鲁朗国际旅游小镇

景观优先，尊重自然的现代藏式风格旅游小镇

项目地点：中国，西藏自治区，林芝
设计单位：深圳市中营都市设计研究院
总设计师：陈可石
规划面积：132 公顷
摄影：深圳市中营都市设计研究院 / 广州市柏奇斯摄影服务有限公司

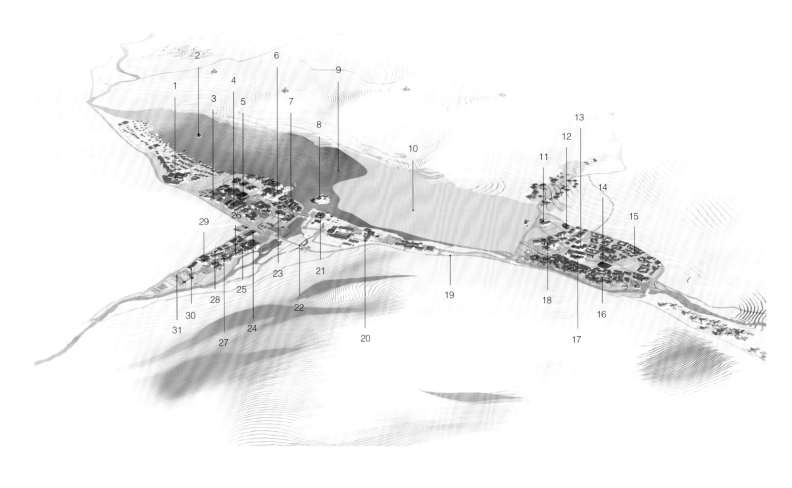

鲁朗国际旅游小镇平面示意图

1. 保利五星级酒店
2. 水上祈福塔
3. 精品酒店
4. 藏戏表演艺术中心 / 当代摄影展览馆
5. 现代美术馆
6. 恒大五星级度假酒店
7. 餐饮酒吧街
8. 藏式养生古堡
9. 鲁朗湖
10. 湿地
11. 鲁朗镇卫生院
12. 农推中心
13. 邮政营业厅
14. 农贸市场
15. 鲁朗镇商业街二期
16. 鲁朗镇商业街一期
17. 城堡酒店
18. 鲁朗政务中心
19. 318国道
20. 珠江投资五星级度假酒店
21. 精品酒店 & 文化中心
22. 鲁朗大桥
23. 顶级餐饮
24. 游客中心
25. 商住楼
26. 办公综合楼
27. 东久林场职工宿舍
28. 消防站
29. 商住楼
30. 教职工宿舍
31. 鲁朗小学

背景介绍

广东省援藏重点工程、西藏自治区成立 50 周年重点项目——鲁朗国际旅游小镇于 2016 年 10 月竣工。总规划用地范围 1000 公顷，占地约 132 公顷，总建筑面积 21 万平方米，总投资近 30 亿元人民币。

鲁朗国际旅游小镇设计从 2011 年 6 月开始，历时 5 年，设计过程中陈可石教授带领北京大学的研究生和中营都市设计研究院团队 30 余次进入西藏调研和现场设计，收集了 10 多万张图文资料。追求卓越，设计上精益求精，在过去 5 年设计团队完成了小镇整体城市设计、250 余栋单体建筑设计、部分主要建筑室内设计和景观设计，整体调改方案 17 次，现场设计变更 480 项，设计图纸总数超过 4000 多张。

"景观优先、形态完整"是鲁朗国际旅游小镇设计的核心理念，以"原创性、地域性、艺术性"为设计的设计原则，努力创造当代的西藏建筑艺术。工程设计和建设采用"总设计师负责制"，由总设计师及团队负责工程设计质量和最终艺术效果，包括中营都市设计研究院在内的 20 余家深圳、广州、成都和北京的设计机构参加了设计全过程。

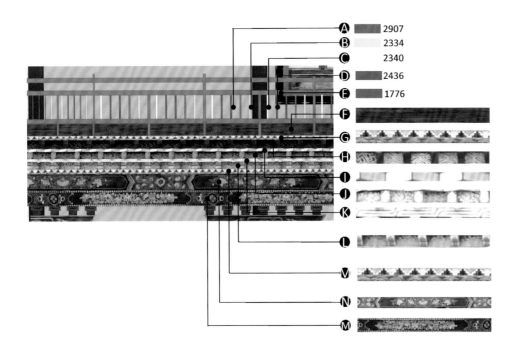

Ⓐ		2907
Ⓑ		2334
Ⓒ		2340
Ⓓ		2436
Ⓔ		1776

规划设计理念与方案构思

1. 设计理念

景观优先

景观优先是中国传统小镇设计的重要理念，很多年前设计师在规划大理古城的时候发现古城里的东西间街道都正对着苍山十八峰，这种以景观为主导的设计理念更多地体现在风水理论中，所以以前村镇的设计由风水师先踏勘地理的"形"和"势"是非常有道理的。西藏旅游品牌要突出"世界屋脊"的概念，而作为"西藏江南"的鲁朗则应有最大的自信来推广幸福、阳光、神秘文化、艺术和自然风光，"湖光山色"将构成鲁朗国际旅游小镇非常大的吸引力。根据"景观优先，尊重自然"的策略，设计师依托基地的地形地貌，在原有河流、湿地的基础上适度拓宽，形成人工湖面（鲁朗湖）；旅游服务组团环湖布置，以湖面作为媒介，串联组团内的各个分区，构筑以鲁朗湖和湿地为核心的城市空间结构，形成了"山、水、城"相互渗透的景观格局。

形态完整

形态完整是鲁朗国际旅游小镇设计的第二个理念，也是旅游小镇是否能够成功的关键，传统村镇之美在于建筑语言的统一和建后形态的完整。设想如果鲁朗国际旅游小镇的建筑是大杂烩，没有统一感，那么鲁朗国际旅游小镇也不可能有太大的艺术魅力，因为艺术很重要的一个原则就是语言的统一。而鲁朗的设计必须做到整体的形态完整，所以设计师从规划设计方案伊始就考虑到未来小镇的形态设计的整体风格。

鲁朗国际旅游小镇在"形态完整"的理念指导下，首先保持了整体统一的形态，实现了整体建筑群与山水融合，保证了建筑街巷形态的多样与统一，营造了连续且开放的公共空间，为游客提供了良好的步行体系，还重视游客的视觉体验，注重景观视线的延展性，形成了丰富的景观层次，实现在小镇大部分区域都可"近观湖面、河流，中观湿地、草甸，远观森林、雪山"。其次，鲁朗国际旅游小镇在"形态完整"的理念指导下，充分发挥其生活居住、文化旅游、旅游接待的功能，形成了满足所有潜在需求的复合功能体系。最后，小镇还实现了文脉上的延续和时间上的连续，不仅延续传统村落与城镇布局肌理，同时，吸收宗教文化中宗教建筑主导城市空间的布局模式，通过确立各分区主体建筑，突出其核心地位，传承宗教文化影响下的城镇布局肌理。

"四态"合一

鲁朗国际旅游小镇的总设计师陈可石教授首创性提出了"四态合一"的城市设计理念,即在城市设计过程中关注各个领域的影响因素,最终实现城市的生态、形态、文态和业态和谐统一发展。

生态,是城市实现可持续发展的关键因素。旅游小镇往往具有显著的自然资源优势,规划应强调生态优先,尽可能维护原有生态空间的整体性。在宏观尺度上,规划尊重原有的自然条件,构建整体性景观格局,体现地域景观的独特性。

空间形态,是旅游小镇吸引游客的重要外在条件,也是城市功能、生态和文化在时间维度上的三维表征。形态完整的旅游小镇从整体到局部是有机统一的,各建筑单体的形态既彼此呼应又富有个性。在整体空间层面,规划因地制宜地组织建筑群的空间关系,强调小镇整体性布局的特色;通过城市设计的引导,对小镇建筑、街巷形态进行适度控制,确保空间形态的统一与多样。

文化,是城市的灵魂,是影响城市气质的关键因素,不同的文化决定了形态的不同外在表现。作为区别于其他地区的重要因素,旅游小镇的文化包括传统建筑、城市风貌等有形的文化遗存,以及民俗活动、宗教信仰等无形的地方文化。西藏地区地广人稀,民间文化分布较为分散,旅游小镇往往承担着整个地区文脉传承的责任。

业态,其实就是城市功能,它是城市存在的内在缘由,功能旅游小镇以旅游服务功能为主,功能是否完备直接影响到小镇旅游吸引力的高低。在功能配置时,应综合考虑原住民与游客的物质和精神需求;结合场地自然环境,充分考虑不同人群对自然空间的不同需求,以此确定功能布局;通过合理的功能配置与布局,使当地居民共享旅游开发成果。

人文主义

人文主义表现为人性化的空间尺度。为了更好地把握当地居民行为习惯对西藏城市空间尺度的影响,设计师对西藏多个城市的城市肌理、街巷空间、建筑形制进行研究,发现其传统的院落格局是"方形院落 + 坐北朝南的主楼"模式,建筑平面呈明显的"回"字形布置,街巷宽高比介于 1:1.2 和 1:2 之间。

因此,本次设计摒弃了全面铺开的开发模式,以生态小组团模式进行小镇总体布局,将小尺度、适度规模的功能组团作为城市基本单元,各单元之间预留生态绿廊进行区隔。并且遵循工布藏区小镇的生长逻辑,展现地域性风貌,在大部分区域采用藏式村落散落布局的模式,延续传统藏族生活区的布局肌理。

2. 方案构思

圣洁·宁静

规划设计上将鲁朗小镇和周边景观充分结合在一起,突显鲁朗小镇得天独厚的自然优势,以大地景观为背景,展现西藏广袤辽阔的豪情与雄伟壮观的美景。

诗意小镇

在小镇的核心地带设计湖泊,形成一处令人向往的朝圣祈福之地。在建筑设计与景观设计中加强藏式文化元素符号的运用,在经过浓缩和提炼的藏族文化渲染下,形成神圣的氛围,使游客不仅缓解了身体的疲乏,亦被藏文化圣洁的、诗意的氛围所感染,精神也得到洗礼和净化。

藏族风情

继承藏族建筑设计的精华，遵循藏式小镇的独特肌理，以鲁朗尼洋河为魂，以藏式建筑为主要语言，将鲁朗国际旅游小镇打造成融合藏族建筑特色与现代城镇功能的典型代表。从城镇布局、建筑环境等各个方面体现藏族文化内涵，形成具有鲜明藏族文化特征的国际旅游小镇。

国际旅游小镇

以藏族文化为主线，以大地景观为背景，开发多样化的旅游景点，配备酒店、会议、度假等功能，提供商务度假、特色餐饮、藏式康体疗养为一体的服务，为人们提供高品质的度假设施与国际一流的自然环境。

设计过程

1. 选址研究

设计团队到林芝实地踏勘鲁朗小镇的建设选址，这次踏勘考察了整个鲁朗小镇建设范围内及周边地段的情况，初步确定了小镇的位置、范围和整体设计风格。

2. 西藏建筑地域文化特征调研

设计团队开始对藏区，也就是西藏文化影响地区的传统建筑进行大规模调研。这次考察长达两周，从西藏的林芝地区包括鲁朗周边的扎西岗村到波密沿途的藏族民居以及林芝地区的传统民居做了详细的调研。然后从林芝再到拉萨，对拉萨地区的布达拉宫、大昭寺以及周边的民居和寺院都做了详细的调查研究。接着又到了日喀则，对日喀则老城区作了详细的调研。这次调研收集了约十万张的现场照片，这些资料是设计鲁朗小镇的重要基础。

3. 以城市设计为先导进行总体城市设计

城市设计采用一种景观的、大格局的策略，就是在做城市设计的时候从景观优先的角度来考虑城市的总体布局、土地利用和交通系统，从勘探学的角度对自然地理的山水进行研究，对山势、水系、地形和景观做统一的规划。

4. 公共空间设计

公共空间形态的设计是鲁朗城市设计中最重要的一个工作，这需要设计师反过来要考虑建筑，从公共空间形态的需求考虑建筑的形态。与现在拼贴的方式不同，现在的做法是建筑决定公共空间，而不是公共空间决定的建筑。鲁朗国际旅游小镇是从公共空间营造的角度，从景观、从形态的角度来考虑建筑。

5. 建筑设计

在美学方面、艺术成就方面的层次与等级也是非常需要的。重要的建筑比如官府、宗祠和寺院所采用的建筑语言在色彩、建筑高度、屋顶形制以及所处的空间位置等各个方面都会优先考虑。这一特点在西藏的传统建筑当中表现得更为突出，寺院建筑和官府建筑在藏区小镇当中起到统领作用，它们的色彩和建筑学与民居是完全不一样的，普通的建筑不能打破这种高地次序。

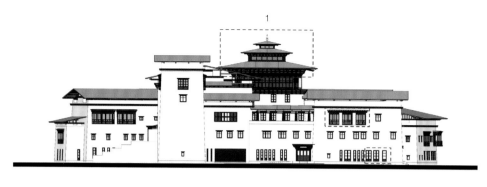

立面图

1. 四坡屋顶
2. 双坡屋顶
3. 室外楼梯

取得成效

1. 鲁朗国际旅游小镇是广东省援助西藏、促进西藏旅游的战略举措

鲁朗是全国对口支援西藏的窗口示范项目，是近年来援藏项目的典范之作，是中央关心西藏、全国支援西藏的重大成果。广东省援藏工作开展 20 多年来，在西藏这片美丽的林海雪原上，从基础设施援助到推动当地产业发展，努力完成从"输血"到"造血"的升级。鲁朗国际旅游小镇规划的建设战略上，以打造成为"中国最美国道"川藏线、滇藏线最重要的旅游集散中心为核心，促使川藏、滇藏线在波密鲁朗汇合，形成堪比瑞士黄金线的国际著名游线，助力西藏自治区发展成为世界旅游目的地，为西藏的旅游产业发展增添新的篇章，实现广东省宏伟的援藏蓝图。

2. 西藏自治区成立 50 周年最具代表性的工程

鲁朗国际旅游小镇是西藏自治区成立 50 年以来建成的第一个现代藏式风格旅游小镇，西藏自治区人民政府认为鲁朗小镇在设计上的探索对未来西藏城镇化建设有非常重要的示范作用。2015年 9 月 10 日–12 日，中共中央书记处书记、全国政协主席、中央代表团团长俞正声率中央代表团，到西藏出席西藏自治区成立 50 周年庆祝活动。代表团成员来到林芝视察正在建设中的广东援建重点项目鲁朗国际旅游小镇建设现场并对成果做出了高度肯定与赞誉，认为这个工程必将成为"援藏工程的丰碑"。

3. 获国际广泛关注和国家肯定

鲁朗国际旅游小镇的建设获得国内外广泛关注，被誉为西藏第一旅游小镇，也是影响西藏未来的一次小镇设计实践，小镇的建筑设计在传承西藏传统建筑艺术的基础上创造出现代西藏建筑新风格。2017 年鲁朗国际旅游小镇入围世界建筑节奖，正式登上国际舞台。世界建筑节（The World Architecture Festival，简称 WAF），是全球规模最大，声望最高的建筑奖项，被誉为建筑界的奥斯卡。2017 年 5 月，鲁朗国际旅游小镇获得国家体育总局认可，被评为首批全国运动休闲特色小镇，2018 年 1 月，鲁朗国际旅游小镇已达到国家级旅游度假区标准要求，从 2017 年 3 月 28 日正式营业开始仅仅 15 个月就荣升为"国家级旅游度假区"。

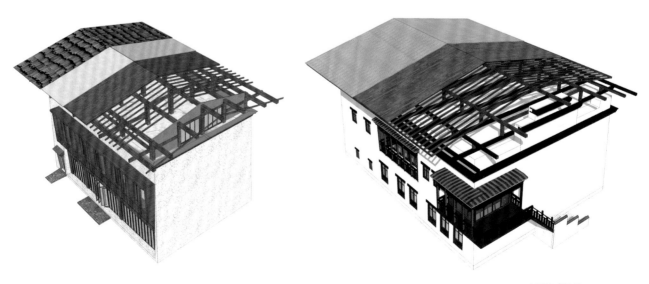

木瓦标准屋顶

灵山小镇·拈花湾

充满禅意的休闲度假小镇

项目地点：中国，江苏，无锡
规划设计：M.A.O 建筑设计
主设计师：毛厚德
室内设计：禾易建筑
占地面积：750000 平方米
建筑面积：300000 平方米
摄影：M.A.O 建筑设计

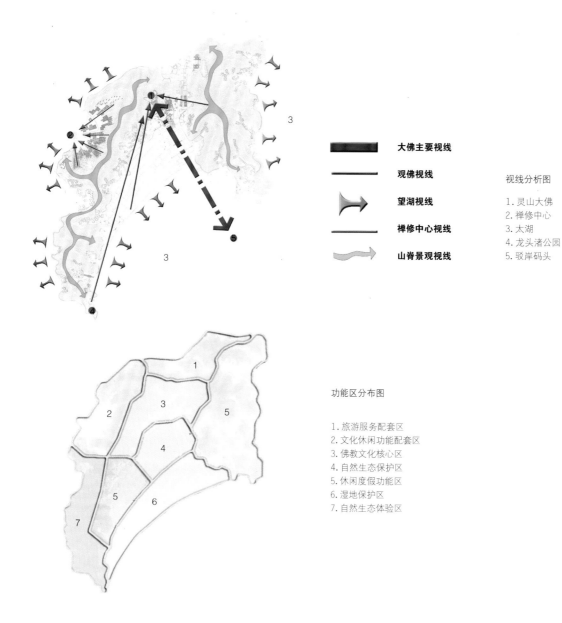

大佛主要视线

观佛视线

望湖视线

禅修中心视线

山脊景观视线

视线分析图

1. 灵山大佛
2. 禅修中心
3. 太湖
4. 龙头渚公园
5. 驳岸码头

功能区分布图

1. 旅游服务配套区
2. 文化休闲功能配套区
3. 佛教文化核心区
4. 自然生态保护区
5. 休闲度假功能区
6. 湿地保护区
7. 自然生态体验区

背景介绍

项目位于无锡（马山）太湖国家旅游度假区板块。在长三角城市群的地理中心位置，具有较好景观和交通优势。灵山小镇定位为灵山大佛和世界佛教论坛永久会址的配套设施，集吃、住、游、购、娱、会务于一体的禅文化主题旅游度假综合体。

设计理念

"禅文化"是灵山小镇独有的特性！"禅意"在小镇中无处不在。

如何"让观光游客慢下来、让休闲游客静下来、让度假游客住下来"，是这个项目着重思考的命题。"禅文化"作为一种宁静悠闲，远离世俗的文化状态，被注入游客的体验中去，使游客在度假的过程中领悟"人生三重境界——看山不是山，看水不是水"的生活境界。

这种禅文化体验式度假方式是一种全新的生活状态，是在传承融合禅文化、传统文化和民俗文化的基础上，进一步创新文化形式、业态模式和载体方式，通过禅意的文化休闲度假方式，使人们在禅境优势独特的山水之间，感受"新时尚东方秘境"的禅意生态魅力，使其有别于乌镇、周庄等传统江南水乡，形成"滋养心身"为鲜明特色的心灵度假模式。

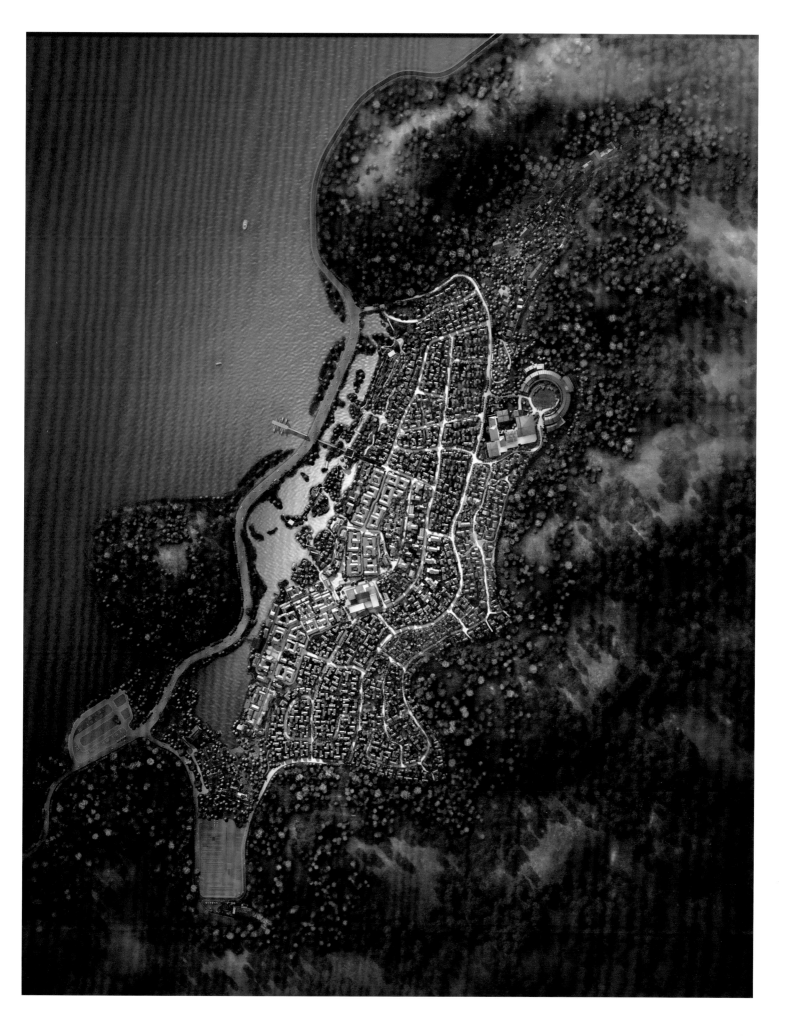

设计过程

灵山小镇·拈花湾由依山面水的五个山湾组成，犹如一朵莲花静卧在这一方太湖山水之间，充满禅意。在大佛的注视下，她也是一块福地，佛光普照、瑞气吉祥。寻得这一方诗意的土地，并在这里造一栋房子，是设计师一生的梦想。

这里应该造什么样的房子？设计师首先变成了一位旅行家，周游世界，走遍每一个小镇，研究建筑形态与当地自然风情、人文特色的关系。

什么样的房子最适合度假生活？设计师又成为一位生活家，亲身体验，把度假生活的每一个细节都考虑得淋漓尽致。

什么样的房子能体现禅意特色？设计师变身成一位禅学家，参禅悟道，把悟到的禅理融合到建筑的灵魂中去。

设计禅思一：舍与得。
懂得割舍，懂得留白，懂得放下，才能获得与自然交流的机会。

设计师不再对自然做无理的要求，而是退让更多给自然，与之共生。设计师孜孜不倦地对户型进行了无数次的修改，光修改图纸就已堆满了一间房。这里的建筑都依照原有的自然地貌来设计，每栋房子都是唯一，每栋房子都像从地里长出来的一样。设计师采用了 T 字形、L 字形和一字形的户型结构，虽然这样的户型占用更多土地，但却让居住者最大限度地亲近自然，聆听风的呼吸，感受阳光的暖暖问候。

设计禅思二：有即是无，无即是有。
这是一栋没有边界的建筑，真正做到了让有限空间无限延伸。

这里的公共庭院与私家庭院是缝合无隙的，有序与无序之间调和得如此无懈可击。设计师考虑自然与人的关系，给予人与自然充分交流与眺望的空间。客厅、餐厅、卧室均连接庭院，邀请花与树一起参与你的度假生活。设计师为了打造这样一栋在自然之中生活的建筑，采用了多种手法。例如，为了避免空间交叉影响居住者的私密性，设计师运用了复合墙体和高低差引导视线，保证了空间的独享性，巧妙地将所见的每一处景致都私有化。

设计禅思三：自在观，观自在。
在这里的假期是自在的，沉浸于生活的真味，展现大自由与大自在。设计师注重功能布局的度假化，大尺度的开敞式礼仪空间，多独立套房的配置，高采光的地下禅庭，你可以尽情享受一个人的自在时光，也可以与家人、与朋友一起分享假期。这是一栋有故事的度假小屋，看似云淡风轻般低调禅意，幕后却是设计师的严密思考和推演，为布局往后生活情境预留伏笔，生活在其中的点点滴滴，被设计师大处着眼、小处着手的设计细部而感染，让居住在这里的人沉浸于生活的真味，展现大自由与大自在。

在同质化竞争日趋激烈的当下，要做出令人拍案叫绝、让人尖叫的产品，也许真的就要像"疯子"和"傻子"那样，专注于品质到无以复加、如痴如狂的地步，做一个"品质偏执狂"。"灵山小镇·拈花湾"，就是这样一个由"品质偏执狂"反复磨砺出来的奇观，许多人来此看过之后，无不惊叹这群"品质达人"惊世骇俗的举动，有的甚至说："拈花湾的建造者简直是一群疯子！"

设计细节

先从最不起眼的一片瓦、一从苔藓、一堵土墙、一块石头、一排竹篱笆、一个茅草屋顶入手，深入拈花湾的建造过程，向您揭秘一个"品质偏执狂"故事。

苔藓的故事

分布于拈花湾庭院、池边、溪畔、树下的苔藓，或许是最不起眼的，却是营造禅意最重要的因素之一。苔藓受空气、阳光、水分、土壤酸性等多种因素影响，很难大面积移植成活。上海世博会虽有推荐，但是国内尚无成功先例。这也注定拈花湾的苔藓铺植，是一个"品质偏执狂"才会干的事。这里的每寸苔藓，都是有着丰富的故事。从遥远的大山来到拈花湾，它们是从临安、萧山、天目山、宜兴、雁荡山、武夷山、湖州、吉安等自然生态极好的山区，经过层层严格的选拔而来。主事者专门设立一个苔藓基地，将入选的苔藓，植入拈花湾的泥土。安排一位农学专家带领一个团队，每时每刻悉心照料呵护。

竹篱笆的故事

大巧若拙，重剑无锋。原本最简单的庭院竹篱笆，在拈花湾却演变成最复杂的工程。经过数月的尝试，换了好几个施工队伍，竹篱笆就是难以令人满意。浙江安吉、江苏宜兴、江西宜春……许多国内著名毛竹产地的工匠都来试过了，空灵的禅意、艺术的质感、天然的美感、竹制品的韵律感、建筑需要的功能性……综合大家的力量，也不能做到全部兼顾。而主事者坚持一定要达到最好、最全面的效果，于是将视线放大到国外和东瀛，寻找大匠来指导。几番苦苦寻觅，终于在国外找到两位七十多岁的匠师。他们做竹篱笆已经三十多年，一辈子只专注做这一件事，还是竹篱笆"非遗"传人。主事者花了十万元人民币将两位老先生请到拈花湾，手把手教自己编竹篱笆。

茅草屋顶的故事

拈花湾的主事者认为，这里的禅意建筑和景观，都是要"会呼吸的"，就像从自然中生长出来的一般。为了让苦庐屋顶最大程度达到自然禅意的效果，他们从江苏、浙江、福建、江西、东北甚至印度尼西亚的巴厘岛等地方选择了二十多种天然材料，同时将能够找到的最好仿制品拿来，放在一起进行日晒雨淋等各种手段的反复试验比对。在这其中初选出八个品种，请包括巴厘岛在内的当地工匠，在现场搭建茅草屋顶的样板，再进行为期一百天的户外综合试验。

广东梅州客天下特色小镇

传承客家文化的生态旅游小镇

项目地点：中国，广东，梅州
设计单位：澳大利亚柏涛建筑设计公司、
美国 AECOM 建筑设计事务所、
贝尔高林（新加坡）景观设计公司、
马来西亚 SAGA LANDSCAPE CONSULFANTS 公司、
中国城市建设研究院
开发公司：广东鸿艺集团
项目面积：2000 公顷
摄影：广东梅州客天下特色小镇

背景介绍

广东梅州客天下特色小镇是在一片废旧的采石场、红砖厂、养猪场等恶劣环境下，通过精心的生态修复、城市修补，坚持"内容为王"原则，坚持原创性和文化性，坚持特色化、国际化、生态化、产业化、城乡一体化，打造了客家文化、旅游休闲、婚庆文化、农电商、健康养生、教育培训六大产业为支柱的幸福新城、产业新城和文旅特色小镇——中国·客天下。

设计理念

客天下特色小镇的建设遵循"创新、协调、绿色、开放、共享"的发展理念，坚持"艺术、文化、生态、产业"的指导原则，坚持市场主导、管理前置、科学规划、匠心建设，结合自身特质，找准产业定位，发挥生态禀赋，挖掘产业特色，传承人文底蕴，形成"产、城、人、文"四位一体有机结合的重要功能平台。项目开发立足"蓝而青"。投入近6亿元进行荒山覆绿和生态保育，实现人与生态文明建设的自然和谐统一。建设形态讲究"精而美"。根据地形地貌，对地块进行科学整体规划和形象设计，做到"一镇一风格"。产业定位突出"特而强"。紧扣文化产业升级趋势，锁定产业主攻方向，构筑产业创新高地。功能叠加力求"聚而合"。通过深挖、延伸、融合产业功能、文化功能、旅游功能和社区功能，真正产生叠加效应，推进融合发展。社会责任紧扣"真而实"。不断完善区域公共服务和基础设施建设，投资近60亿元建设教育、医疗、文体等设施，解决周边村镇饮水难题，建设市政道路，建设供电供气排污设施，建立社会治安团队，为60岁以上村中老人购买社保和医保，实现当地村民自愿就近就业，解决农民生产销售全过程中的技术、销售、融资等问题，促进城乡民生共建和谐发展。

设计过程

生态优先

客天下在园区建设的过程中，首先完成的是生态修复的艰巨工作，以"尊重自然、顺应自然"为原则，更是坚守"生态优先，生态零破坏"的开发理念，以"开发为生态让步"的标尺推进每一项工作。

生态覆绿和林地保育

构建完善的生态安全格局，培育并维护梅州山水的自然资源本底

梅州生态资源丰富且敏感脆弱，在规划中客天下首先关注完善整个城市的生态安全格局，寻找和重点关注对维护整个城市和小区域生态过程的健康和安全具有关键意义的景观元素、空间位置，包括连续完整的山水格局、山地湿地系统、河流水系的自然形态、绿道体系以及防护林体系等，对遭破坏和污染的山体和土地，采取多层次、多类型的仿自然修复方案，以恢复连续完整的生态网络，构建秀美山川。

客天下在建设中秉承了"绿色发展"的理念，环绕山体分层规划，最大限度维护原有山体地形地貌。在项目初期投入近4亿元，9年时间对原本已经受损的废弃地、采石场、养猪场、砖厂、山丘缓坡等用地，进行山体修复、荒地覆绿、封山育林、污染净化，改良和重建退化的生态系统。

采取的科学"生态恢复"再生方式，远远超出以稳定本地水土流失为目的的无序种树，也不仅仅是种植多样的当地物种，而是以试图重新引导或加速自然演化过程为最终目标，促进一个群落发展成为由当地物种组成的完整生态系统。这种方式使原来遭严重生态破坏的山体重新有益于大生态系统和恢复生物学潜力，使原来荒芜山岭变得郁郁葱葱，呈现出勃勃生机。

保育碳汇，净化和提升梅州空气质量

客天下项目范围内的土地，拥有7000亩珍贵的原始森林地，它们比年轻林地具有更高的多样性，树木的年龄通常更老，体积更大，是本地基因多样性的天然储藏所；7000亩完整的原始林地在建成度较高的梅州中心城区周边，已经成为一份珍贵且不可多得的自然馈赠。因此，为维护这片原始林地的重要性，客天下项目建设和保育过程中，实施非常严格的生态保护制度，并采取超越传统的保育概念，不只保护植被和动物栖息地，更保存基因资源和原始林地所发挥的碳吸存功用。

生态优化和价值提升

科学编制生态基因种谱，维护生态多样性

占地 400 公顷的"客天下"郊野森林公园是亚热带季风常绿阔叶林分布的核心区域，覆绿和开发过程中，注重对原有生态多样性和物种原始性的保持。

园区含生态系统类型有 40 类，其中自然生态系统 10 类，人工生态系统 12 类，复合生态系统 14 类。动物共 43 目 242 科 1083 种，其中一级保护动物 2 种，二级 11 种。水生动物主要有鱼类 71 种，爬行类 40 种，两栖类 18 种，昆虫 842 种，动物种类繁多，分布广泛。园区充分保留了原生态的自然环境，有效保障了区内生态系统的稳定性和多样性。"客天下"利用"编制生态基因种谱"技术，为植物建立标识牌系统，了解、保存和备份林地的生态种类和环境条件，为每种生物登记在册一个带有基因照片的"户口簿"，普及认知，并吸引更多的人关注自然资源和保护工作。

建立多种主题植物园区，培育特色植物

客天下还利用科技手段培育本地生态园，建立了亚洲最大的杜鹃园和粤东地区最具观赏价值的梅园，拥有各类杜鹃达 30 多万株，120 多种；培育引进各类梅花数十种，1000 多株，其中包括一株 300 多年树龄的古梅，稀世罕见，称为园中之宝。

水资源利用的生态跃升

维护零污染的水资源原貌

项目建设中十分注重对自然水体的保护，尊重水源现状，保存自然水体原貌，治污净水，覆绿堤岸，修复山水秀美、意趣盎然的立体生态空间。园区内天然湖泊广布，淡水资源量大且质优，加之植被茂密，是广东重要的水土涵养区。园区范围内坐落着跃进、泮坑、小密三大水库，在对圣人山的改造中，保留了包括美林湖、白鹭湖、翠鸣湖、圣山湖在内的四个天然湖泊，保存了天然防洪屏障，调节山体径流，维护了湖泊原始的生态系统调节功能，用实际行动阻止了天然生态水系因人类生产活动而造成的消亡。
在湖泊污染保护与防治方面，通过对山体覆绿、湖体净化和帮助鱼类生物链形成等创新理念、技术与管理方式，最终实现湖泊生态的修复与水质改善，现在的客天下拥有丰富多样自然湖泊水生资源，盛产鱼、虾、蟹、贝和莲、藕、菱、芡、芦苇等，真正做到了还民"一湖清水、一片自然"。

全方位水利建设和修复

通过进行筑坝、引流等水利建设，强化水土保持和防洪排涝。在客天下项目先期采用强化造林治理，来改变水土流失面积集中、植被稀疏的特点。适地、适树、营养袋育苗，整地施肥，高密度、多层次造林，使荒山快速成林、快速覆盖。同时，对于经科学分析后发现的已有不稳定边坡，造林不易成功的陡坡地，辅以培地埂，挖水平沟，修水平台地等工程强化措施。再配以绿化景观工程，进行美化。实现在解除山洪风险的同时对水体景观再造、水资源综合利用等生态效益的跃升。

可持续的水景观营造

客天下普及低冲击建设。在景观设计和建造中充分考虑水循环利用和管理。作为亲近自然、感受自然的重要旅游资源：自然湖泊，做了最大程度的保留和拓展，铺设木质亲水栈道，将人带回自然，呼吸负离子的空气，让湖泊的静美净化心灵。

乐享环境的"筑"入生态

开发建设用地的集中规划

客天下在开发中，本着"尊重自然"的开发理念，将人的活动空间集中规划，将建设对生态环境的影响降到最低，成为人与自然和谐发展的建设典范。

本着"开发要为生态让步"的理念，"少砍伐、不砍伐"的原则，客天下在园区开发建设过程中，集中规划人的活动空间，将建设对生态环境的影响降到最低。为更多将山体和水体、人的活动多样连接，充分展示自然之美，铺设了60千米慢行环山栈道，沿线以乡土树种为主，植被茂盛，运用种植形式的变化，提升绿化的整体景观层次，尽显无边山水情趣。

建筑材料的二次循环利用

客天下有一定数量的风格各异的亭台楼阁、建筑或构筑物墙体、室内家具和摆设等元素，并不是用时下的全新建筑材料建成的，而是在"客天下"的开发建设中，从周边村落乃至更远的区域收集废旧的船木和老房拆迁以后的瓦片，二次利用到建筑和景观建筑的建设中。设计师利用这些具有浓郁历史气息的二次建材，以维护历史原貌、修旧如旧的原则重新赋予它们生命，让这些承载着历史记忆的"瑰宝"在客天下的摇篮中继续散发光芒。这既是对文化的继承和传播，也是绿色环保，尊重环境的全新演绎。

文化传承

客家文化

梅州是国家历史文化名城，是我国汉族客家人最集中的聚居地，素有"世界客都"之称。客家民系深厚的文化积淀，独特的民俗风情，神奇的迁徙历史，被誉称为中华传统文化的"活化石""生活中的古典"，在我国民俗史上占有极高的历史地位和很高的研究价值。以"厚德虔诚、勤劳节约、和睦相处、扶弱济贫、开放务实"为主要内容的客家文化，主要包括：客家艺术、客家民居、客家方言、客家文物、客家饮食文化、客家服饰、客家学术流派、客家习俗、客家华侨文化、客家文教等十个重要方面。

客天下创新传承客家文化，积极传播客家文化精髓，兼容并蓄国际文化，真正引领客家文化"走出围龙，走向世界"。

传承客家文化，客元素的运用

客天下项目中对客家文化、历史、风俗人情进行了系统地研究，围绕生态旅游的可持续性发展广泛咨询专家学者的建议，原创性地制定出客天下旅游产业园的发展纲要。在开发过程中让文化融入企业发展的基因，以传统客家文化为纽带，公共文化空间为载体，将世界各地的大客家文化汇聚一体，专注客家文化，正确处理文化的传统与现代关系，注重在继承与创新的结合中传承和弘扬优秀的客家文化，使传统客家文化与当代社会相协调，体现客天下对于客家人文历史的尊重，对客家人的认同感和归属感，具有鲜明的客家特色、时代特色，极大地激发了文化价值的乘数效应，体现"融汇世界的客家，展示客家的世界"。

客天下以浓缩客家的形式，打造了占地35000平方米，建筑面积8000平方米，极具文化古韵城镇风貌的客家小镇。"客家小镇"从规划到建筑设计和施工建设、景观小品的建设、园林绿化的设计、对天然风水林的树种组成结构的延续，都运用了传统的客家村落和建筑布局方式与建筑风格，使山体与村落民居之间形成良好的生态循环系统。古朴又蜿蜒的栈道、潺潺溪水边转动的水车、客家风情客栈、依山而建的客家围屋等，见证了客家人千年的迁徙足迹、客家传统建筑和生活习俗，体现村落布局的自然美、曲线美和整体美。

客天下，不仅用现代艺术的手法展现客家文化，而且用成熟且灵活的方式弘扬和传播客家的非物质文化遗产，以多元的文化产业和空间为载体传播传统文化。

客家传统建筑群的自然美、曲线美和整体美。客家民居的建筑风格和形式有圆寨、围龙屋、走马楼、四角楼等。但其中最具代表性的是围龙屋，围龙屋是一种富有中原特色的典型客家民居建筑。客家人选择丘陵地带或斜坡地段建造围龙屋，客家人聚族而居，以围屋防外敌及野兽侵扰，多数建好一座完整的围龙屋需要五年、十年甚至更长时间。围屋有殿堂式、围龙式两种，布局严谨，讲究坐向、主次、对称，外观均衡、堂皇，格调典雅、庄重，表现了儒家正统文化的审美旨趣和高度的建筑水平。

围龙屋与北京的四合院、山西的窑洞、广西的"杆栏式"建筑和云南的一颗印并称为"中国五大民居建筑"，具有巨大的历史价值和文化价值。

第三章 历史文化小镇

历史文化小镇是依托民俗文化、民族文化、历史遗产等类型资源，挖掘文化内涵，融入新型文化旅游业态，打造旅游目的地。历史文化小镇的历史脉络清晰可循；文化内涵重点突出、特色鲜明；小镇的规划建设延续历史文脉，尊重历史与传统。

洛带·博客小镇

以客家文化为主题的人文小镇

项目地点：中国，四川，成都
设计单位：四川华泰众城工程设计有限公司
设计团队：付安平、李庭熙、郑昊、刘飞、
邱泉、梁玉荣等
开发公司：成都地润置业发展有限公司
占地面积：14.56 公顷
建筑面积：110000 平方米
摄影：四川华泰众城工程设计有限公司

总平面图

背景介绍

"洛带·博客小镇"位于成都市龙泉驿区洛带古镇的核心位置，东靠龙泉山，北接古镇老街，西面湿地公园，南邻生态农庄。洛带古镇为客家古镇，拥有深厚的客家文化。项目以客家人五次大迁徙为线索，萃取世界小镇之精华，精选中国建筑的优秀元素，汇闽、徽、晋、川、海派等建筑于一镇，随着街、巷、院的空间变化，让中国的传统建筑艺术得以展现。

设计理念

小镇以"客家文化"为主题，以"文化为魂、空间为体、商业为心"的总体定位，打造一个集博物馆聚落、文化商业街、艺术工作室、企业会馆群、五星级酒店为一体的高端文化休闲度假人文小镇。建筑融合了五大建筑派系，包括川派、徽派、晋派、闽派和海派。场景设计融合了16龙牌坊、土楼博物馆——博客楼、教堂和徽派迎客松等元素。

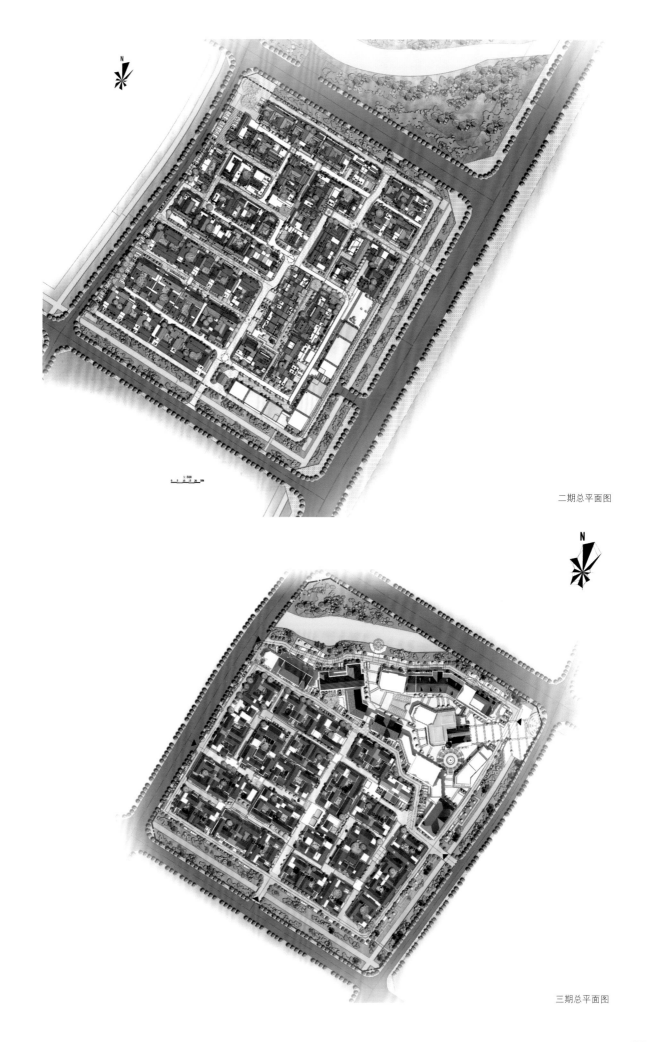

二期总平面图

三期总平面图

设计过程

规划布局

项目设计充分考虑延续古镇"有机的无序"的自然生长肌理,将古镇的传统尺度以及人对于古镇空间的感知渗透进项目设计之中,由主街串联多条宽巷、窄巷,并由街巷、院落、开放节点空间等人文脉络和公共绿地、水系、景观构筑物等自然脉络相互交织,共同融合成"博客小镇"的空间结构总体布局。

我们认为,不应将流行的建筑语言作为评判创新性的焦点,而应以具有地域性和时代特征的生活模式作为原创的标准,从而有助于保留当代中国建筑原创性的来源,既而实现真正意义上的"中国原创"。

建筑设计

建筑空间

"洛带·博客小镇"建筑群是由若干单座建筑和门廊、围墙等环绕成一个个庭院而组成。院落虚实相生;或外实内虚,或内实外虚,或自由布局,势态流通。这三种基本型又以不同方法和规模相结合,通过点、线、面来创造空间节奏,把购物、浏览的街道曲折化,步行景观的连续与变化由此产生。曲折多变的街道空间在视觉上有鼓励和吸引行人前往探索之用,建筑单体内部以及建筑单体之间的外部空间等多层面的融合变化,增加了人们的好奇心。

庭院,是我们设计的主题与重心。在设计中,庭院承担了重要的角色,它既是建筑内部活动拓展的容器,也是充满激情的内部活动的背景。通过庭院串联空间序列,用庭院的个性与差异来丰富场景感的千变万化,使得场景的塑造显得精致而不失内敛。

立面造型与环境营造

"洛带·博客小镇"采用中国传统建筑风格,并与现代建筑手法相融合。注重对多个地区建筑风格的探究,并仔细推敲建筑细部的比例关系,深入挖掘文化底蕴,完善屋顶、窗户、门楼、马头墙等建筑元素符号并加以提炼运用,追求人与人、人与自然的和谐共生,突出现代与传统的巧妙结合;充分体现传统建筑风格及文化内涵。

景观设计

采用传统韵味的色彩、图案符号、植物空间的营造等来打造具有中国韵味的景观空间。在入口处设置入口广场,景观随交通线路自由布置,设置水池、跌水、广场、雕塑、花池、踏步、小品、廊等,根据景观视线分析,种植不同树木、花草,使之一年四季均有良好的观赏效果,以期达到自然景观与人文景观的最佳效果。

西调

在院落内部空间处理上，将传统建筑中不利于现代生活和审美情趣的小开窗、阴沉的空间感受进行改善，用落地窗、暖色材质进行改善，使其适合现代生活方式。

院落

土楼

牌坊

东韵

整个博客小镇的入口选择中式村镇的传统符号——牌坊作为博客小镇的入口节点，与洛带古镇有机契合，让游客在此置身于传统场景之中，流连忘返。

街道

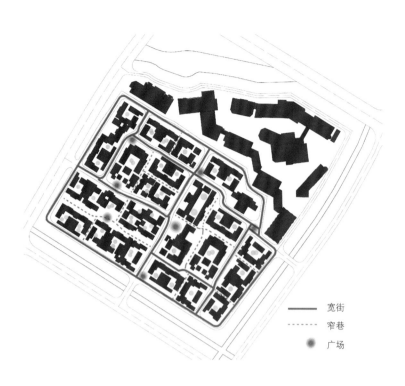

街道尺度

拒绝现代街道般的呆板无趣，寻求游园式的富有情趣的宽街窄巷，人所到之处，宽街、窄巷、广场三者富有韵律的相互交融形成独特的生活氛围。

宽街剖面示意图

1. 居住
2. 院落
3. 商业
4. 积极空间（6～7m）
5. 消极空间（1～1.5m）

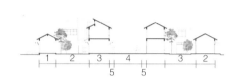

窄巷剖面示意图

1. 居住
2. 院落
3. 商业
4. 窄巷（2～3m）
5. 后院

广场剖面示意图

1. 商院
2. 广场（10～15m）
3. 外摆区（3～4m）

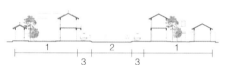

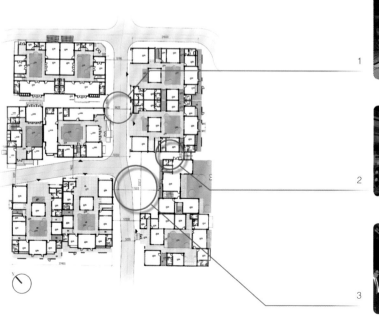

街道尺度

1. 宽街
街道宽8～10米，通长作为主要的商业动线。

2. 窄巷
宽2～3米，通长连接两条宽街，丰富小镇的游览性与趣味性。

3. 广场
宽15～25米，作为重要的商业节点，是主要人流聚集地。

图例：
—— 宽街
---- 窄巷
● 广场

特色功能区介绍

博客小镇融汇了五大建筑派系

川派：川西建筑，核心词为"逸"，讲究"天人合一"，讲究外形上的寓意深远。在用材上强
调就地取材，以木、石灰、青砖、青瓦为主。与四川经常下雨的天气和环境相协调，相映成趣，
呈现出一种质感美、自然美。

徽派：徽派建筑更注重街区的形成，讲究风水，按照阴阳五行说，善用自然，考虑天时地利人和。
住宅多面临街巷，白墙黛瓦，鳞次栉比，高墙深宅，层层叠叠。外部马头墙高出屋脊，跌宕起伏，
内院四水归堂，财不外出。所谓"青砖小瓦马头墙，回廊挂落花格窗"。

闽派： 闽派建筑最有特色的便是土楼，博客小镇中有一个从福建完全仿造的土楼，已成为整个小镇最著名的文化地标点之一。风梧书院也是闽派风格。

晋派： 晋派宅院，门高于墙，门墙以封火山墙间隔。以山西特有的黄砖垒砌人字山墙，将高门宽院的晋派风格展露无遗。山墙犀头所作装饰纹路，由技艺高超的匠人按照乔家大院古迹上的云纹花木，精准复刻而成。与川西的"逸"形成对比，彰显晋商的厚重之气。

海派：海派建筑最大的特点是中西结合，东方的元素，同时建筑空间和构造是现代的材料与技术，所谓东魂西技。用中式的砖石、木材、花纹雕刻作装饰，主体建筑为现代的钢筋混凝土和部分干挂石材，建筑呈现出中西合璧的独特魅力。海派区采用四方街的布局形成回流环线，空间灵动而错落。

下铺上院

下铺上院在垂直界面进行了功能的分区，院子为商业带来了闹中取静的可能，使得茶馆、咖啡厅等业态有了更好的景观与氛围。院子为商业服务，多使用于一进院落。

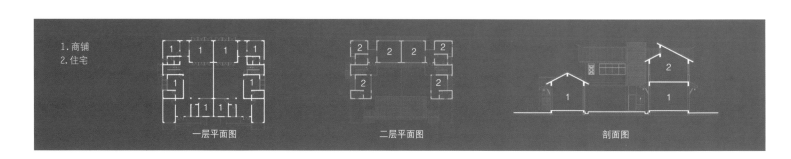

1. 商铺
2. 住宅

一层平面图　　　　　　二层平面图　　　　　　剖面图

前铺后院

前铺后院在水平界面进行了功能的分区，院子主要为居所提供环境，提升了居住的品质，为商业街中的高品质住宅提供了可能性。多进院落一般都是这种划分。

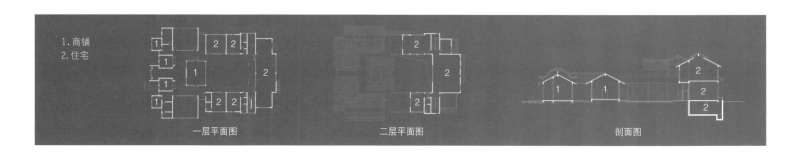

1. 商铺
2. 住宅

一层平面图　　　　　　二层平面图　　　　　　剖面图

博客小镇有几大场景记忆

16 龙牌坊
三和坪的 16 龙抱柱牌楼是博客小镇的标志性景点。这"三间四柱九牌楼"标志坊源自 1885 年的设计稿。牌楼整体由 99 吨北京房山石料，66 位故宫雕刻大师后人历时三年完成。

土楼博物馆——博客楼
客家土楼为典型的闽派建筑，土楼里面的建筑跟福建的土楼几乎同出一辙。在成都，看到博客小镇中的土楼不仅是闽派建筑风格代表，同时也成为场景记忆。

教堂
在设计上用了教堂的形，内容为民俗博物馆。如今已是著名的婚纱拍摄地，符合项目的定位。

徽派迎客松
最能展现徽派粉墙黛瓦马头墙的特色。

中铁双龙小镇

充满民族风情的文化小镇

项目地点：中国，贵州，龙里
设计单位：四川华泰众城工程设计有限公司
设计团队：付安平、郑昊、李庭熙、刘飞、
邱泉、梁玉荣等
开发公司：贵州中鼎云栖置业开发有限公司
占地面积：26.67 公顷
建筑面积：110000 平方米
摄影：四川华泰众城工程设计有限公司

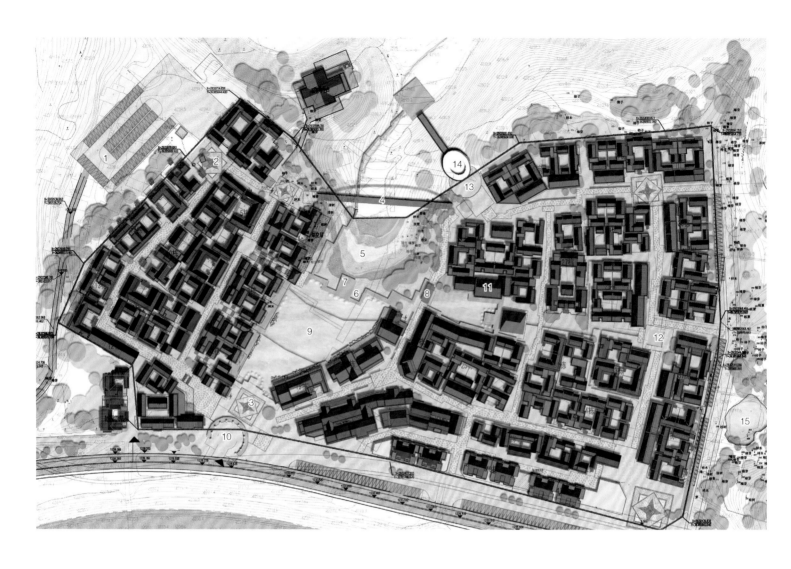

背景介绍

双龙镇位于贵阳市环城南路东侧的"双龙临空经济区"。本项目地理特征为浅山地、丘陵和少量农田。南邻贵新高速，东面为巫山水库，北面为巫山大峡谷公园，山林绿地完好，有保留树木，生态系统自然健康。地势南高北低，两边高中间低。基地内项目坡度、坡向复杂，坡度在 10 度至 30 度之间。双龙小镇坐落于巫山峡谷南侧，景区主入口处，占地约 26.67 公顷，规划有民族风情旅游小镇、中式峡谷汤池别墅区、马术俱乐部、汽车影院、山地湖泊景观区、山地花海景观区等功能板块。中铁双龙小镇是贵州省最具风情文化小镇，被赞为贵阳周边最具休闲功能的旅游集散地。

设计理念

贵州有座山，山上有条街，街上有院子，院子里有水。依托中铁国际生态城，结合巫山峡谷自然生态优势，为游客和住户营造集文化、商业、居住、观光、旅游为一体的旅游集散地。依托贵州巫山大峡谷，秉承对贵州古文化及传统建筑理念的尊重与发掘，合理安排空间规划和旅游业态布局，以中式院落演绎传统民族文化和民族风情，并注入现代休闲度假理念，于山水之间、云天之端抒写诗意栖居生活，打造贵州乃至西南地区集峡谷旅游、小镇观光、文化传播于一体的文化休闲度假旅游示范小镇。项目定位为"贵州首个山上的院街"，以现代手法再现"吊脚楼""坡屋顶""宽街窄巷"等元素，"人—建筑—自然"和谐相依，共栖共荣，为中国苗、侗提供了院落建筑的当代创意范本。

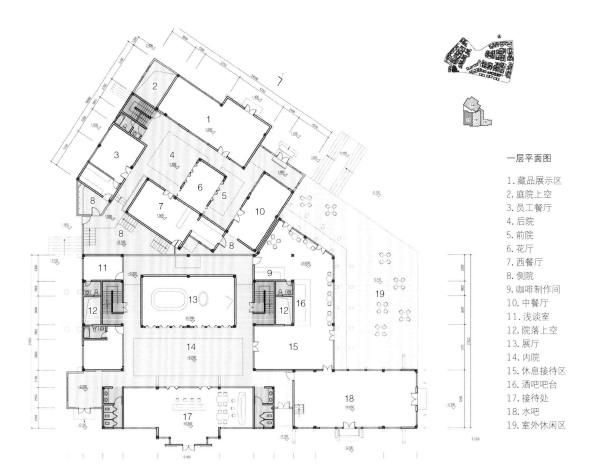

一层平面图

1. 藏品展示区
2. 庭院上空
3. 员工餐厅
4. 后院
5. 前院
6. 花厅
7. 西餐厅
8. 侧院
9. 咖啡制作间
10. 中餐厅
11. 浅谈室
12. 院落上空
13. 展厅
14. 内院
15. 休息接待区
16. 酒吧吧台
17. 接待处
18. 水吧
19. 室外休闲区

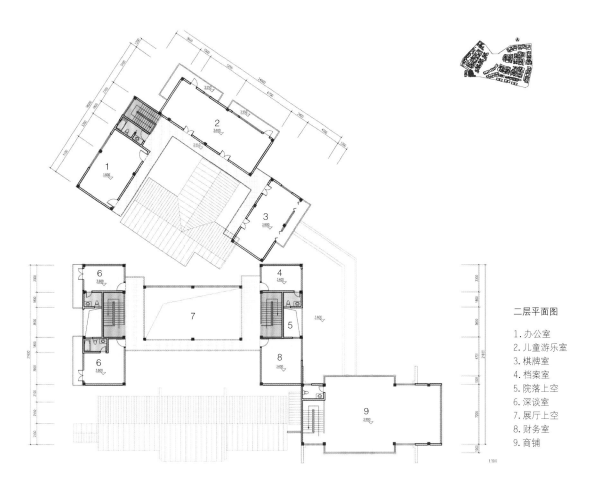

二层平面图

1. 办公室
2. 儿童游乐室
3. 棋牌室
4. 档案室
5. 院落上空
6. 深谈室
7. 展厅上空
8. 财务室
9. 商铺

特色功能区介绍

在设计中，运用"俏色"理论。"俏色"是玉器翡翠行业中一个通用的专业名词，特指在一块玉料上的颜色被运用得非常巧妙，利用玉的天然色泽进行雕刻。对这样的玉雕作品，即可称作为"俏色"。俏色手法对文旅创意一脉相承。

在中铁双龙小镇，山地，因地制宜做成了院街；裂谷，做成了香湖、花海；悬崖，做成了吊桥；峡谷峭壁，保留风情岩画、石雕，开辟玻璃栈道；保留文德庙、药师如来佛，成为项目社群一种信仰；大树，成为社区一道亮丽风景。

依托峡谷地貌依山而建，以前店后院式的商住四合院和沿街商铺构成小镇的自然村落肌理，建筑风格博采中国各地经典建筑元素，体现了贵州文化"兼容并包、博采众长"的地域文化特征。

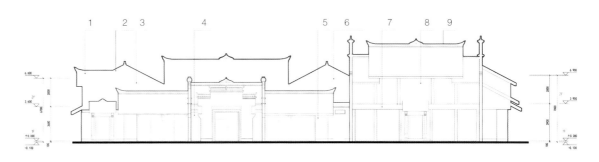

轴立面图

1.小青瓦
2.木质雕花悬鱼
3.木挂板
4.白色干挂石材
5.青砖饰面
6.白色外墙乳胶漆弹涂
7.深色石材
8.装饰木条
9.叠瓦脊饰
10.仿木漆
11.成品浮雕
12.青砖竖砌

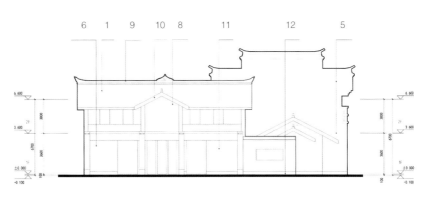

建筑设计说明

规划布局

借鉴传统中式建筑形态，结合现代生活需求，通过街、巷、院3级外部空间结构，在建筑空间和形态上打造具有中国传统文化特色的高品质生态居住商业区。因地赋形，营造住在山上的院街，利用地势高差，形成错落有致的建筑轮廓，依山傍水，景观秀美，成为极具特色的娱乐休闲购物场所。

绿化景观规划

通过南北向的山谷入口和东南向坡地冲沟形成开放的大十字景观轴线，规划设计植被区、水景区、广场区等三区绕一轴的生态景观体系。以节点景观带动商业环线，图腾广场、香湖、花海、情人桥及巫山峡谷形成南北向景观轴，山神广场、城门楼广场、花海台、云溪桥、鼓楼广场、山顶泉广场、杏池及东侧的巫山水库等形成东西向景观轴。

文化导入

将优美山林、自然湖水、巫山岩画融入建筑，建筑风格外貌生态化，建筑景观生态化，人文合一。

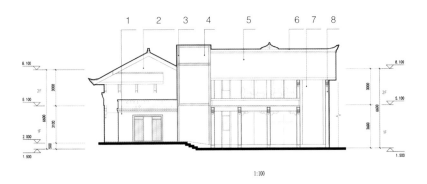

轴立面图

1. 青砖饰面
2. 白色外墙乳胶漆
3. 钢构支架
4. 玻璃
5. 小青瓦
6. 叠瓦脊饰
7. 装饰木条
8. 仿木漆

1:100

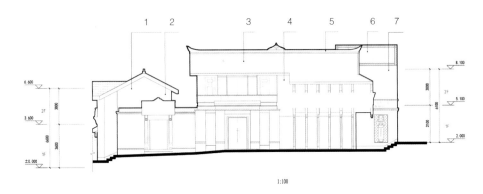

轴立面图

1. 白色外墙乳胶漆
2. 木挂板
3. 小青瓦
4. 装饰木条
5. 叠瓦脊饰
6. 玻璃
7. 青砖饰面

1:100

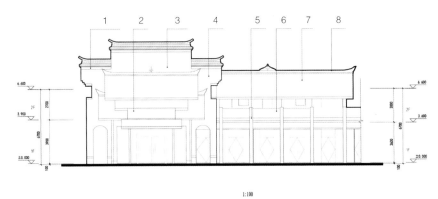

轴立面图

1. 白色外墙乳胶漆弹涂
2. 装饰木条
3. 深色青砖饰面
4. 青砖饰面
5. 干挂石材
6. 玻璃栏杆
7. 小青瓦
8. 叠瓦脊饰

1:100

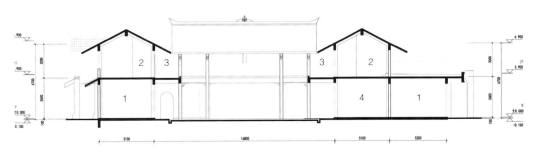

剖面图

1. 商铺
2. 休息间
3. 走廊
4. 精品展示区

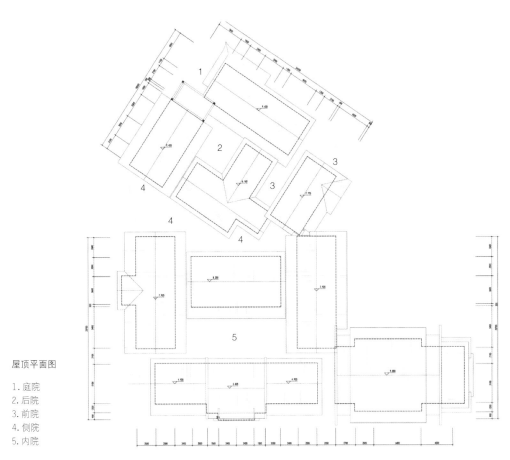

屋顶平面图

1. 庭院
2. 后院
3. 前院
4. 侧院
5. 内院

甘坑客家小镇

以客家文化为主题，集历史文化、城市休闲、自然山水为一体的旅游小镇

项目地点：中国，广东，深圳
设计单位：深圳市中营都市设计研究院
总设计师：陈可石
规划面积：311.26 公顷

背景介绍

项目位于深圳市龙岗区布吉街道北部甘坑社区，西临坂田街道，北接平湖街道和龙华新区观澜街道。规划用地总面积约 311.26 公顷，基地内东北部及中部地区较低。

甘坑作为龙岗区的重点项目，未来着力朝着文化旅游产业、非物质文化遗产开发和创意设计产业发展，在龙岗区资源优势的背景支持下，甘坑具有明显的发展优势，同时结合区域深厚的客家文化底蕴，为客家文化小镇项目的顺利进行打下了坚实基础。

发展目标：以生态田园为基础，以新老客家文化为内涵依托，以客家风韵建筑，绿色健康生态建筑为空间载体，以生态度假、特色美食、养生休闲、文化展示、客家会馆、田园体验、环境教育、遗产保护、民俗节庆为体验内容的多元复合型文化旅游目的地。

总平面图

设计理念

1. 方案提出景观优先、形态完整的核心设计理念

以大地景观为背景，以谷地风貌为依托，以客家风情为主题，塑造了一条千米客家景观长街。因地制宜梳理生态景观结构，突出山、水、田、园的小镇形态，营造丰富统一的建筑语言，保护和修复传统客家民居，改造和提升现状工业建筑，主题性打造富有浓厚地方色彩的客家会馆院落，和谐统一整个小镇的风貌，精心打造极具吸引力的甘坑客家小镇。

2. 功能分区与实施策略

核心文化休闲区——综合整治为主，辅以局部改造和拆建
打造客家文化休闲长街，丰富建筑使用功能和优化景观环境，以商业、餐饮、娱乐、旅馆等业态为主，整体提升公共活动空间。

文化创意产业区——景观提升，产业升级，综合整治为主
结合拆除重建，局部改建，通过生态修复并植入岭南生态建筑，以商务、展览、商业、特色餐饮、娱乐、旅馆等业态为主，打造文化创意产业区。

生态公园体验区——生态修复与景观提升，保护性开发
以生态山地为背景，以科教、健身、观光、旅馆、商业等为主要业态，突出包括农耕体验、湿地科普、农业观光、山地运动和生态休憩等多元游览体验项目。

居民生活服务区——整体保留，景观提升，业态升级
保留现状居住功能和总体布局，对整个生活服务区内的景观环境及建筑立面进行提升，针对主要临街面的首层商业进行业态整合与升级，以餐饮、观光、家庭式旅馆业等业态为主。

设计过程

1. 从区域宏观发展视角，深入研究项目在珠三角及深圳市的未来城市格局中的地位和作用，结合与龙岗区其他功能区的关系、与周边区域的关系，并结合周边新的发展形势、规划范围内的水系、环境、场地条件等特色资源，确定项目区的旅游战略定位、构建项目总体空间系统与特色场所体系，明确发展主题及目标。

2. 梳理项目内的旅游资源，挖掘优势资源，尤其是特色旅游资源，为未来发展定位提供方向，整体开发建设，联动周边资源景点，以客家风情为特色，打造以客家文化为主题，集历史文化、城市休闲、自然山水为一体的旅游小镇。

3. 汲取国内外先进理念，因地制宜提出总体城市设计方案。从总体空间控制层面提出风貌分区、高度控制、密度分区、用地规模、地块指标、道路系统、公共空间、公共服务设施、基础设施等城市空间形态控制要素，以系统性的方式梳理特色旅游小镇风貌，建立起未来山地滨水城市空间格局的具有较强可操作性的总体城市设计框架。

4. 重点围绕周边山体、水系与老旧城区环境、建筑、景观提出城市设计意象，挖掘新城山地及滨水地区的景观资源潜力。建设城市游憩体系，从公共空间、环境、绿地、景观、建筑形态等方面提升城市景观特色。

取得成效

深圳各类旅游资源数量、种类众多，文化与生态产业结合的较少。通过分析设计师发现深圳市整体旅游资源以自然生态公园和滨海主题景观为主，缺少以文化为主要旅游吸引点的特色区域。因此，甘坑客家小镇通过开展客家文化旅游，同时结合优良的自然生态资源，将提升自身综合旅游竞争力，成为深圳市又一新的旅游、度假及休闲目的地。

甘坑作为深圳市城市更新的典范，尊重现状，因地制宜，多种更新方式结合，实现旧村环境的提升，民生改善，产业更新等方向的城市设计研究。甘坑客家小镇于 2017 年 7 月入选中国文化旅游融合先导区试点，成为首批国家级文旅特色小镇。

汶川水磨镇

灾后重建之汶川绿色新城，西羌文化名镇

项目地点：中国，四川，汶川
设计单位：深圳市中营都市设计研究院
总设计师：陈可石
摄影：深圳市中营都市设计研究院

总平面图

背景介绍

2008 年 5 月 12 日发生在中国汶川县及周边地区的特大地震灾难震惊全球。地震发生后，中国政府马上组织全国各省市对口支援灾区的重建。经过两年多的规划和建设，汶川灾区重建成绩举世称赞。由广东省佛山市对口援建的水磨镇被认为是汶川灾后重建最成功的范例。水磨镇位于四川省阿坝羌族藏族自治州汶川县，在成都平原的西部边缘，处于成都平原向川西高原的过渡地带。在 2017 年，被住房和城乡建设部评定为第二批国家级特色小镇。

由陈可石教授团队完成的汶川新城水磨镇规划设计，从小镇的经济、环境和文化出发，提出建设"汶川绿色新城，西羌文化名镇"的规划目标。通过产业调整构筑可持续的小镇经济格局；通过生态修复营造良好的生态环境。规划设计借鉴了中国传统的规划设计理念，建筑设计注重地域性、原创性和艺术性。通过 2 年的建设，水磨镇再现了中国传统小镇山、水、田、城的艺术魅力。

设计理念

1. 水磨镇的规划设计采用了新模式

中国历史上的那些美丽小镇，最大的特征是整体形态完整性，道法自然、依山就势、因地制宜并寄予诗情画意。水磨镇规划设计采用了新模式——从整体形态和景观入手进行小镇的规划，如同回到中国传统的风水理论，小镇的规划设计首先考虑到自然地理的因素：风、水、阳光、山形地貌。我们首先完成了"水磨镇整体城市设计方案"，在这个设计方案中我们提出了以"寿溪湖"为中心的小镇总体形态和采用坡屋顶的山地建筑形式。

创造性采用并实现了总设计师负责制。所有项目统一设计，为了确保水磨镇重建后整体风格的统一，确定由陈可石教授团队负责从概念策划、城市设计、建筑设计和景观设计的全过程，在全国首次实现了一个城镇从总体到单体由一个总规划团队负责的模式。

2. 水磨镇的规划设计采用了新理念

灾后重建不单是安置灾民、重建家园，更重要的是为灾区民众创造一个更加美好的生存空间，我们采用了规划设计新理念。

绿色和可持续
按照绿色和可持续理念，我们首先调整了水磨镇的产业布局。水磨镇由原先的高耗能、高污染产业调整为以旅游观光、休闲度假、教育和服务业为主的新经济。从这个理念出发，确定出水磨镇的规划设计目标和策略。绿色和可持续是未来人类栖息空间的核心理念。灾后重建使我们能够重新思考和选择小镇的经济和环境。

再现人文历史和传统建筑学的价值
人们应该生活在一个有人文历史的空间。水磨镇的规划设计再现了小镇人文历史和传统建筑学的价值。首先我们恢复了禅寿老街，严格采用传统材料和传统工艺，在震后的废墟上重建了800米长的传统商业街和历史上曾经有过的戏台、大夫第和字库等建筑。在居民安置区——羌城的设计上我们采用了传统羌族建筑学。恢复重建后的老街和羌城吸引了成千上万的游客，为当地居民提供了发展服务业的机会。

在建筑风格和建筑语言上有所创新
我们十分重视建筑设计的地域性、原创性和艺术性。只有地域性、原创性和艺术性的建筑才是最有价值的。在此认识的基础上，我们完成了水磨中学、方舟、西羌汇和羌城的建筑设计。建筑设计必须考虑到小镇传统建筑学和文化特征。我们试图以羌藏族传统文化为基础，将传统羌藏族艺术以现代的手法来诠释。羌城的设计体现了现代生活方式与羌族传统建筑形式的完美结合，并成为旅游的热点。

设计过程

设计师需要有全过程的城市设计服务思想,从策划—概念规划—总体城市设计—重点片区城市设计—景观设计与建筑设计进行全程参与,以确保规划构思与设计理念能够一直贯彻和实施。

水磨镇的城市设计不只是对形态、空间的作为,而是一个提出城市发展目标、设计城市空间形态、保证城市设计顺利实施的完整体系。总设计师陈可石除了设计空间形态,还参与从目标设计到组织设计再到实施的全过程。陈可石认为要保证城市设计的顺利组织实施,城市设计应是一个设计和实施没有断裂的过程,设计师不应该仅仅止步于提供静态成果的设计阶段,而是应更主动、更全方位地参与城市设计的全过程—— 一个连续的没有断裂的过程,才能为整体空间品质的实现提供保证。

在目标设计阶段,陈可石对城市设计更多考虑和致力于三维乃至多维的建筑空间环境、场所性、地域性及人性化的问题。项目借鉴欧洲的经验,小镇设计当以城市设计作为主要手段,特别是山地小镇,以三维方式从总体形态与景观入手,直接指导至建筑设计,最终形成完整、合理、出彩的设计成果。

取得成效

1. 成为汶川大地震灾后重建的标杆

由于建设的效果非常好,荣获联合国颁发 2011 全球灾后重建规划设计最佳范例,荣获 2009 年度全国优秀村镇规划设计一等奖,荣获汶川灾后恢复重建规划设计优秀成果评选一等奖等奖项。并且从一片废墟变身为国家旅游局评定的国家 AAAAA 级旅游景区。

2. 当地居民获得长远的生活保障

水磨镇的建设不仅解决了当地居民的基本居住需求,更重要的是解决了老百姓长远的生活。不仅要解决生活问题,还要解决发展问题,不是仅仅建几栋房子、修几条路,也不是简单地恢复到略好于震前的水平,而是基于水磨镇的历史和现状,顺应世界经济的规律和区域经济发展的大势。

3. 复兴活化民族的传统文化

将水磨镇恢复重建规划与民族文化的弘扬相结合。超越眼前的物质局限,把水磨镇的灾后重建与民族文化的挖掘和弘扬相结合,实现从高度汉化到独具羌文化魅力新城的跨越。恢复重建了老街和传统的街巷空间,恢复了传统的民族文化活动。

汶川新城水磨镇的规划设计是成功的,它为未来的中国城镇建设提供了成功的新模式、新理念和新方法。规划设计者的智慧保障了水磨镇灾后重建的巨大成功,美丽如画的汶川新城水磨镇展现出规划设计的前瞻性。水磨镇的成功让我们树立了信心和希望——有规划设计的保障在灾后废墟上人们也能创造更美好未来。

第四章　农旅小镇

农旅小镇是指依靠绿水青山、田园风光、乡土文化等资源和农业生产条件，衍生出发展农业自然资源观光、农事活动体验及休闲旅游等体验活动，是以农业与旅游业相结合的新型产业为主，满足休闲需求的小镇。农旅小镇是繁荣农村，富裕农民的新兴支柱产业。

卓尔小镇·桃花驿

以人为本的田园活力小镇

项目地点：中国，湖北，孝感
规划设计：卓尔发展（孝感）有限公司
开发公司：卓尔文旅集团
项目面积：2100公顷
摄影：卓尔小镇（孝感）景区运营管理有限公司

背景介绍

卓尔小镇·桃花驿，是中国 500 强企业卓尔文旅集团重点投资打造的农旅小镇，总占地面积约 2100 公顷，通过基础设施建设、生态环境改善、创业就业机制创新、产业提质升级和生活配套完善，构建城乡互动纽带，呈现新时代的美好田园生活。

卓尔小镇·桃花驿位于桃花缤纷的千年古驿，桃林连绵、水系密布、绿野广阔、物产丰饶。桃、林、茶、水等原生态资源合理布局，勾勒出一幅写意田园画卷。依托当地深厚文化底蕴和丰富生态资源，按照"因时因地因人"的原则，规划了"一心六区，一环九驿"的发展格局，即 E 创中心，田园综合体创新示范区、庄园经济先行示范区、文化创意产业集聚区、精致农业产业集聚区、健康度假产业集聚区和杨店古驿老镇区。小镇聚合了现代农业、文化创意、旅游度假、自然教育、医养健康等新乡村产业，以农旅融合、乡村旅游为抓手，推动一二三产融合发展，实现乡村经济复兴。以新村民带动老村民，引领全新的乡村生活方式，共建生态、生产、生活相互共融的世界田园活力小镇。

总平面图

1. 杨店古驿老镇
2. 镇标
3. 驿创中心
4. 乡创学院
5. 新双创孵化器
6. 驿创公寓
7. 梦工厂
8. 门楼
9. 小镇会客厅
10. 桃园东方
11. 桃花驿广场
12. 东坡泉
13. 非遗工坊
14. 文创市集
15. 牧之品酒亭
16. 卓尔拾本书屋
17. 悦驿民宿客栈
18. 印象桃源
19. 悦驿庄园度假区
20. 桃花溪
21. 田妈妈乐园
22. 大地厨房
23. 三生石
24. 杨店水蜜桃科研示范基地
25. 桃花阵
26. 桃花岛
27. 东方艺术村
28. 儿童农耕文化村
29. 东坡民俗村
30. 杨店河湿地公园
31. 新农创企业总部基地
32. 东坡小院
33. 驿·庄园
34. 水·庄园
35. 酒·庄园
36. 茶·庄园
37. 泸川生态茶园
38. 花间里
39. 四方花院
40. 朴门菜田
41. 三生万物
42. 前小桔农场
43. 艾维农园
44. 薰衣草森林
45. 绿乐园
46. 田间巨树
47. 小镇旅游云客厅
48. 孝文化博物馆
49. 同堂宴
50. 大师林
51. 古驿风情街
52. 十八匠
53. 桃花工坊
54. 百业集市
55. 悦骒国际大酒店
56. 卓尔大讲堂
57. 亿生国际健康管理中心
58. 养心湖
59. 体育公园
60. 揽泊湖
61. 睦邻社区
62. 东篱社区
63. 红杏村
64. 葡林村
65. 皮影村
66. 龙灯村
67. 桃花坞
68. 驿站

155

规划设计理念

卓尔小镇分为一心六区，一心是 E 创中心。

E 创中心

"人"是小镇的根本，"人才"是第一生产力，以市民下乡、新农人返乡、青年创客等为重点引进和扶持对象，通过创建"农业创新、乡村创业"新双创孵化器，汇聚国内顶级天使、VC、PE、产业基金等金融机构，引导资金和政策覆盖小镇多元产业和项目，成为创业者的天堂。

六区
杨店古驿老镇区

统一规划恢复"古驿、古铺"风貌，划定生态底线，与产业板块互动，共享基础公共设施，打造杨店文旅商贸一条街，创建旅游名镇。

庄园经济先行示范区

以杨店水蜜桃、浐川茶和本地优质农产品为生态基底，以"一庄一园多产业"的模式先行探索发展庄园经济，带动农民创业就业，拓展增加农户收入渠道，共建新时期的美丽乡村、产业乡村和文化乡村。

健康度假产业集聚区

以大健康为方向，汇聚国际顶级康复疗养、营养保健、休闲健身、健康管理等产业资源，为城市人提供一个环境优美、生活舒适、邻里互助、文明友好的怡养度假之地，一个心灵的归栖之地。

精致农业产业集聚区

改变传统农业的种植经营方式和管理模式，重点引进欧洲、日本、中国台湾和沿海发达地区的创意农业、文创农业、科技农业、朴门农业和生态农业，形成都市近郊农业创新发展的先锋之地和产业集群。

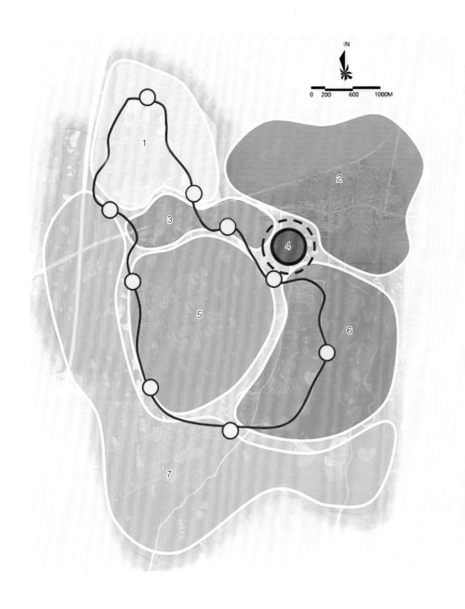

总体规划空间结构图

1. 健康度假产业集聚区
2. 杨店古驿老镇区
3. 文化创意产业集聚区
4. E 创中心
5. 精致农业产业集聚区
6. 田园综合体创新示范区
7. 庄园经济先行示范区

田园综合体创新示范区

以田园综合体为基本形态，引进亲子教育、创意农业、主题民宿、轻简生态餐饮、微度假、非遗文化、田园手作、在地文创产品开发等新业态，创建国内"村镇企"合作制度的新模式。

文化创意产业集聚区

引进陶艺大师、艺术家、设计师、文化创客和手工艺从业者，以工作室和创客院落为载体，聚焦文创项目，形成互促交流的文化和艺术聚落。

指南村红叶小镇

生态创意型的农旅小镇

项目地点：中国，浙江，杭州
设计单位：南方设计
设计团队：姚大鹏、陶秀奇、叶建维、韩锋、杜婕、王登悦、
吴为民、宋强、刘永辉、徐钟鸣
项目面积：一期12万平方米
摄影：南方设计

背景介绍

指南村红叶小镇位于浙江省北部，临安东天目山麓，太湖源头的南苕溪之滨，距离临安市区 25 千米，杭州市区 70 千米，平均海拔 600 多米，面积 7.86 平方千米，村民 200 多户，古树名木 300 多棵，近年来以其独特的红叶古韵惊艳了世人，被到访者誉为华东地区最美古村落。

设计理念

南方设计整合指南村的自然和人文资源、生态农业、旅游产业与创意产业，通过乡村再生打造集风光摄影、旅游观光、休闲度假、创意工作为一体的华东首个全景式——"生态创意型"新乡居生活示范村。

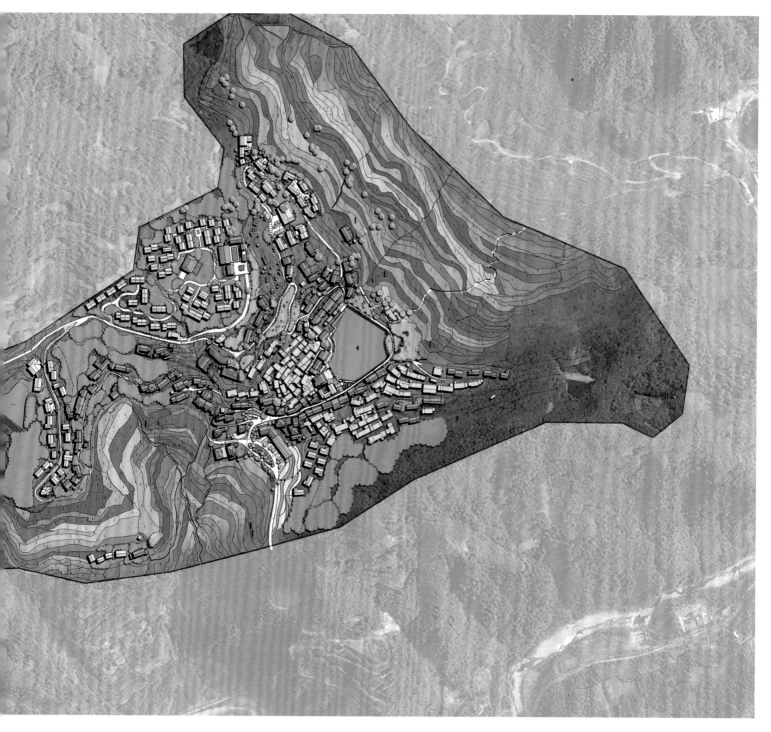

总平面图

设计过程和细节

通过设计作为整合和实施平台，以政府先期投资和政策优惠为主导，吸引市场主体投资开发建设，并鼓励引导村民参与，从而探索可持续性和可实施度高的——"美丽乡村"建设新模式、新路径，达到"乡村与城市的差别，不再是生活品质和生活水平的高低，而是生活方式选择的不同"的最终目标。

本项目规划基本延续现状村落的肌理，立足于原有的天池古树核心景观和独特的高山景观和梯田风光，以贯通村落的道路展开，划分为入口配套区、商业配套区、天池古树景区、主村落文化区、公社区、禅修国学文化区、生态休闲度假区、生态养生养老区、塘顶村落文化区、梯田观光区和高山梯田区，区块相互交融、自然延伸，连接南北两端的两个自然村。

目前，建设一期已经完成，包括200亩梯田的流转，结合"三改一拆"将天池8户民居由四五层降到三层，拆除10户居民的一屋多宅，庭院美化，房屋外立面整治等。接下来，指南村还将围绕"生态创意型"新乡居生活示范村和"中国摄影基地"两个目标，打造梯田观光区、主村落文化区、禅修国学文化区等11个区块。

叶上乾坤生态艺术度假小镇

以创意茶园为主体的田园综合体

项目地点：中国，贵州，独山
设计单位：北京东方创美旅游景观规划设计院
项目面积：187公顷

174

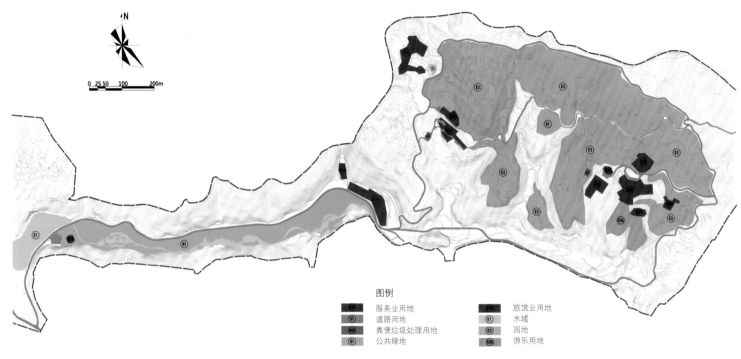

图例
服务业用地　旅馆业用地
道路用地　水域
粪便垃圾处理用地　园地
公共绿地　游乐用地

土地利用规划

背景介绍

叶上乾坤生态艺术度假小镇是带有扶贫属性、采用 3P 模式投资的一个田园综合体项目，通过创意打造茶田艺术、乡村美学、新式茶文化，融入净心谷景区打造核心吸引物，在贵州构建原创 IP——叶上黔坤，打造"黔坤叶子"茶叶品牌，通过改造老宅、搭建茶田宿的形式构建以民宿为主的度假氛围，最终将项目打造成为西部首屈一指的艺术级度假小镇、田园综合体项目。本项目一期已于 2016 年落地，项目规划方案获得国内多项大奖。

项目位于贵州省黔南州独山县影山镇独山城乡统筹试验区内，地处贵州最南端，与广西南丹县接壤，占据了正在建设中的净心谷景区的核心位置，是整个净心谷景区重要的组成部分；本项目规划范围内包括一个核心茶田，多个村落如拉洗村和达头村，其中核心茶田占地约 67 公顷，总占地面积约 187 公顷。

设计理念

项目以"叶上乾坤"为 IP，以国家大力促进旅游政策为引领，以自然生态为理念，以净心谷景区的核心组成部分为背景，以保育良好的山、谷、水、林、田、茶、石等资源为本底，采用创意化、艺术化、景观化的规划手法，通过靓山、美田、秀水、创艺茶园、活化村寨、点石成金来重新塑造一个涵盖有自然、人文、产业等不同功能的精致化的高品位、艺术级度假项目，打造成为中国知名艺术级度假区。同时我们赋予整个景区"叶上黔坤·乾坤叶子"的形象定位以及项目案名。

功能分区图

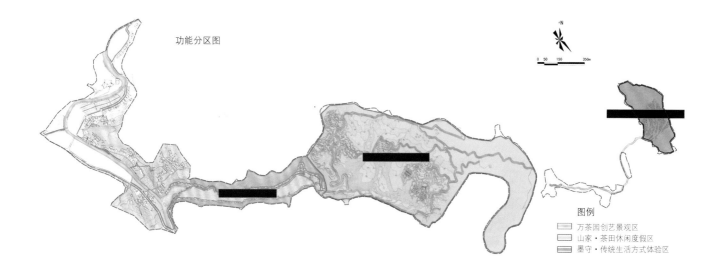

景观系统

园区景观主要是以"一水三绿五茶林"景观架构展开的。
一水，是万茶园景观水系；
三绿，是景区三条绿色交通游线；
五茶林，是项目区地现有的三大片茶叶种植区和以后增加的两片种植区域。

空间布局

该项目区整体以"一核两带五片区"的空间结构形式将项目的地块完整地结合起来。其中万茶园为主要景观核心区，山家茶田体验带和山家茶田观光带有效地将商业核心区与其他四大片区串联起来，从而保证了游客观、娱、购、住的产品体验连续性。

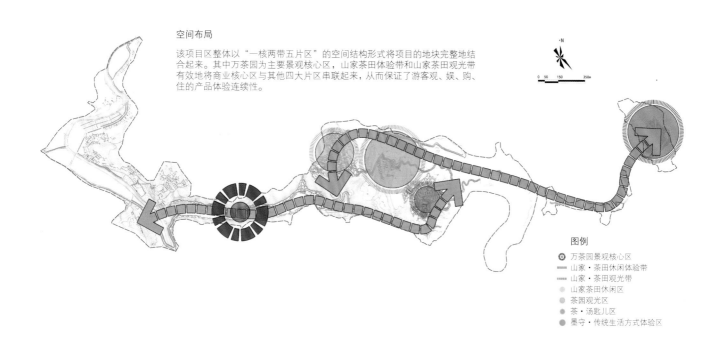

总体规划与设计细节

按照园区资源分布的特殊形态，功能布局巧妙独特，通过导入茶品种，创意茶园景观，形成"三山五叶"的空间结构，三山即"茶山、红豆杉（山寨）、水族山寨"，五叶为"茶叶、花海、药草、红豆杉、有机果蔬"，从而构筑起"四区一基地"的功能分区，即"百叶乾坤·万茶园创艺景观区、山家·茶田休闲度假区、墨守·传统生活体验区、南国·石渡养生区和泉水种养产业基地"的五大功能分区。

百叶乾坤·万茶园创艺景观区是景区的第一印象区，涵盖世界上百种茶叶品种，在其百亩的范围内将其分为"绿茶、红茶、黄茶、乌龙茶、紫茶、黑茶、白茶、药茶"八个种植板块，并沿路打造花茶景观种植带，形成九大茶叶品种的汇集；并创意打造"红妆浮桥""阶绿"等茶园景观节点，使其成为一条集茶文化科普体验，景观观赏，休闲娱乐于一体的世界茶品种基因库，中国首个景观创意茶园。

山家·茶田休闲度假区是本项目休闲度假体验的精神主旨，也是项目的核心区，项目将打造一种茶田生活劳作，主题静养修行的全新主题生活方式，提供在多种茶田中休闲度假的体验。

墨守·传统生活体验区是以现有水族村寨为载体，复兴传统水族生活方式，以水族餐饮、建筑、服饰、生活习惯和文化风情为本底，形成相对高端私密，以餐饮、民宿为主要业态的生活方式化体验区。

南国·石渡养生区以千年对望红豆杉树为资源优势，充分挖掘红豆杉药用价值，并以村庄现存巨石为创意灵感，保留村落现有肌理，结合现状村内保存较为完好的传统建筑打造野奢酒店，结合达头村私密幽闭的环境，对村内景观环境进行重塑，为游客提供高端配套服务，将达头村打造成高端健康养生疗养区。同时依托达头村良好的生态环境，作为紫茶培育基地和有机蔬菜的种植基地。

广东乳源粤瑶小镇

以过山瑶文化为依托的农旅小镇

项目地点：中国，广东，乳源
设计单位：四川华泰众城工程设计有限公司
设计团队：付安平、李庭熙、郑昊、邱泉、梁玉荣等
开发商：广东中农批集团
建筑面积：约39万平方米

背景介绍

粤瑶小镇（"中国供销·粤北农批"项目）位于广东乳源，京珠高速乳源县出入口 50 米处的 323 国道两侧。是"中国供销合作社"布局广东的第一个专业批发市场，是"中国供销合作社"辐射珠三角和港澳的桥头堡，也是第一家落户于乳源县的央企项目。

以国家级中农批产业基地为依托，发展"过山瑶""彩石文化"两大主线，打造"互联网 + 农业 + 旅游 + 文化"的旅游集散中心。

设计理念

梯田上的瑶寨、过山瑶之乡、世界的过山瑶、花海婚礼、彩石之乡……粤瑶小镇，以农业为基础，根植过山瑶文化，以过山瑶和美食为文化题材，辅以现代健康的——田园生态游的生活模式，打造多民族多业态的复合型旅游特色小镇。

运用两条轴线规划，其一，时间轴，以过山瑶的起源、历程形成既古老又时尚的建筑形态；其二，以地域为轴，过山瑶在全国、全球的开枝散叶，从而引入东南亚、欧洲等建筑风格。

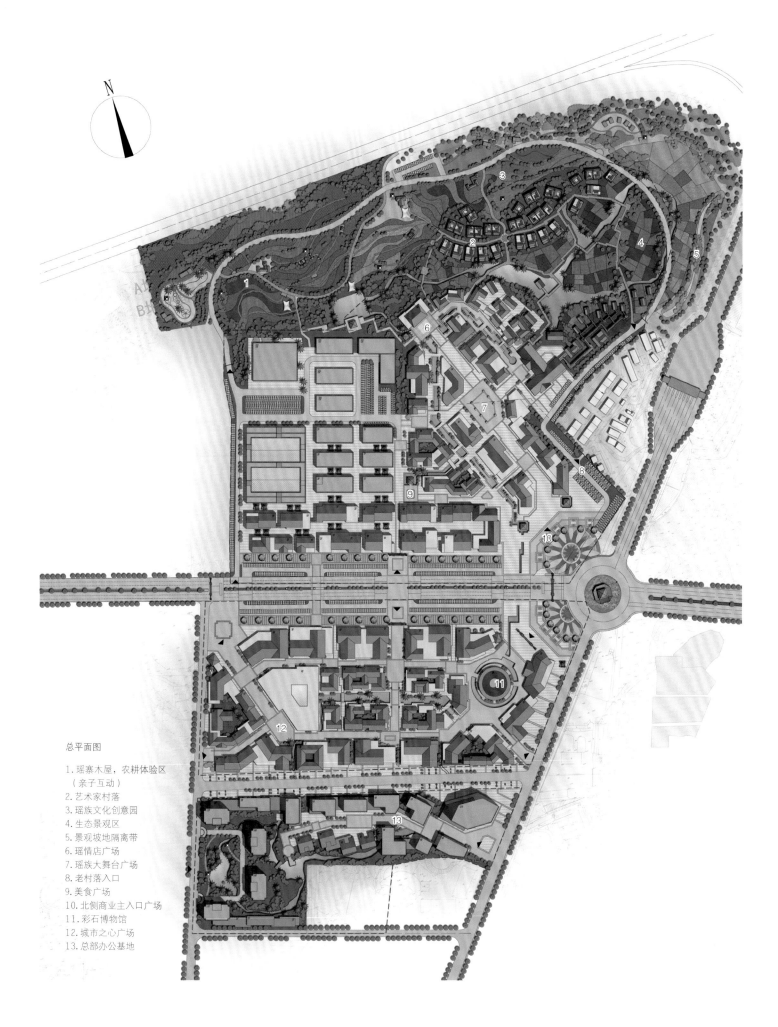

N

总平面图

1.瑶寨木屋，农耕体验区
  （亲子互动）
2.艺术家村落
3.瑶族文化创意园
4.生态景观区
5.景观坡地隔离带
6.瑶情店广场
7.瑶族大舞台广场
8.老村落入口
9.美食广场
10.北侧商业主入口广场
11.彩石博物馆
12.城市之心广场
13.总部办公基地

特色功能区介绍

分为"北文旅""南商服"的定位，北面以"文旅"为主，打造瑶情殿文化中心、旅居组团、美食组团、酒店组团、旅购组团、农商组团。南面以"商业服务"为主，打造世界美食城、城市购物组团、院街组团、普通住宅组团，形成覆盖整个乳源的城市级商业空间。

其中，旅居组团，造园理水，围绕景观依托山势打造特色的生态居住体验。旅购组团以过山瑶文化为依托，打造游娱购为一体的文化旅游风情街。

瑶式风情的商业街、生态化的酒店客栈区、时尚休闲的美食区、自然田园体验区以及彩石国、月老庙等文化节点，满足多种人群的需求，打造一种健康、文化、时尚的现代生活方式。

建筑设计说明

建筑形态以瑶族风格为基础，提取瑶族文化特色符号，结合现代建筑的功能，打造一个整体时尚且符合现代人们需求的生活方式。设计以木、夯土、砖石等当地建筑材料为主，同时穿插玻璃、钢、混凝土等现代建筑材料，传统与时尚相互对比、交融。遵循着瑶族历史的发展变迁，引入部分异域风情的元素，将当地瑶族等在地建筑风格与东南亚、欧美、现代风格元素融为一体，体现当代瑶族四海一家的博大胸怀。

第五章　产业小镇

产业小镇是以现有产业集聚区为基础，依托新兴产业和特色产业打造的特色小镇。新兴产业小镇位于经济发展程度较高的区域，以科技智能等新兴产业为主，科技和互联网产业尤其突出；特色产业小镇的产业特点以新奇特等产业为主，小镇规模小而美、小而精、小而特。

梦想小镇

中国双创特色小镇的高地

项目地点：中国，浙江，杭州
设计单位：南方设计
设计团队：方志达、胡勇、何静、陈曦、邱明、詹佩耀、
刘永辉、陈钢、王怡青、张长容、徐钟鸣等
项目面积：22万平方米
摄影：南方设计

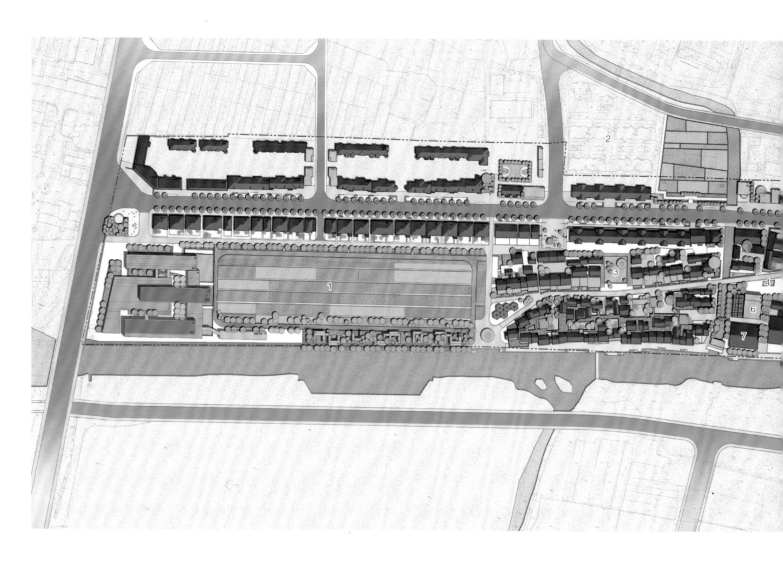

背景介绍

本项目位于杭州余杭未来科技城，南方设计负责梦想小镇核心区仓前老街更新改造，总建筑面积22万平方米，是中国双创特色小镇的高地。

设计理念

项目以深度发掘农耕文化与历史文化要素，结合互联网创业的需求，以原生肌理为基础织补老街新格局为设计目标，对功能、产业、生态环境的特色升级改造，使具有传统特征的元素和互联网特征的元素相辅相成，结合互联网共享模式打造公共空间，体现自由、包容、多元、协作、高效的特性。

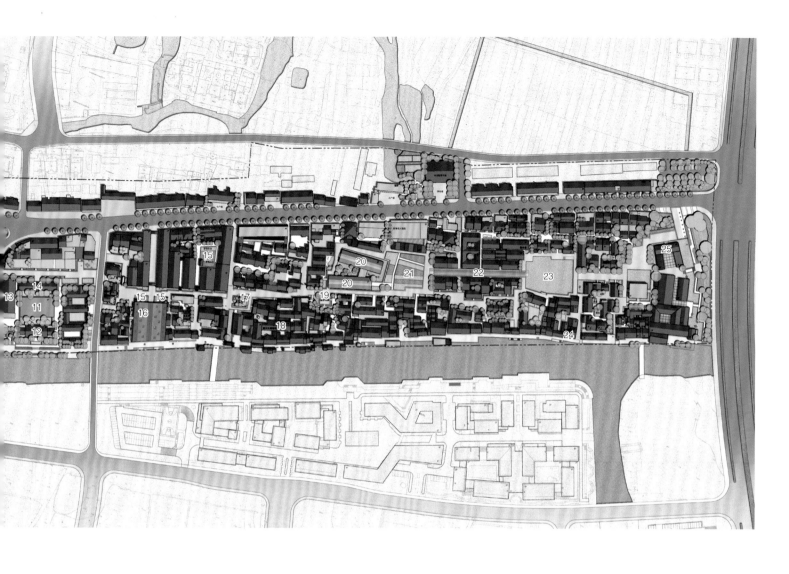

总平面图

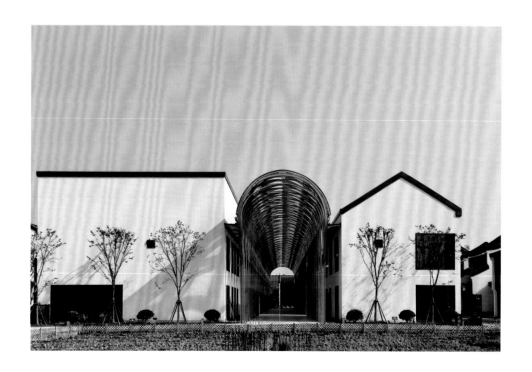

设计过程和细节

面对如此复杂的项目，设计师们深知必须整合各方面的资源，才能在如此短的设计时间里少犯错误，更高效的完成任务。南方设计采用大项目制，设立技术委员会、项目执行总负责、项目经理、整体控制团队、其他专业主创团队等进行分工合作。当即投入到梦想小镇项目中来的团队共计 17 个，外加外部合作顾问团队 6 个，参与项目的设计师 108 名。在多团队合作过程中，每个团队思考问题的角度、方式和专业能力的侧重点不同，让这个项目面临的复杂问题得到充分的呈现和考虑，并体现出足够丰富的活力和想象力。而工作营模式和信息的充分共享，保证了项目在一定程度上的整体性和连贯性。

在为时 1 个月的调查过程中，设计师们一共制作了 3 个整体工作模型，进行 12 次航拍，500 多人次现场踏勘，拍摄 11000 多张现场照片，与 400 多位当地居民深入访谈，为 697 栋建筑建立完整的建筑档案。拆除违建和危房 287 栋，修复古建 28 栋，新建及原拆原建 114 栋，立面及整体改造 371 栋；同时补建、修建、新建文化节点 15 处、古民宅 21 处，沿塘河埠头 26 处，井 9 口，老桥 7 座。

塘河沿岸，延续过去；仓兴街，立足现在；处于其中的梦想之路代表未来。设计师通过对建筑肌理的织补、历史文化的织补、生态系统的织补、交通系统的织补、街道空间的织补及公共功能的织补，使原住民与互联网创客通过梦想之路共融共生。本项目打造的新仓前老街既是工作空间，更是思想与理想的碰撞空间，人才与技术的交流空间、新老文化的融合空间，服务器等公共资源的共享空间，新的仓前老街为创客们构建一条梦想之路与共享平台，最终实现他们的梦想。

玉皇山南基金小镇

集基金、文创和旅游为一体的产业小镇

项目地点：中国，浙江，杭州
设计单位：南方设计
设计团队：杜婕、陈健、姚大鹏、褚凌琳、陆志明
项目面积：25 万平方米
摄影：南方设计

总平面图

背景介绍

玉皇山南基金小镇是特色小镇界的"高富帅"，是分分钟几亿上下的财神聚集地，是货真价实的"隐富"。它有着显赫的地位，殷实的家底，优美的环境和美好的未来，它是中国版格林尼治——玉皇山南基金小镇。同时，南方设计总部就坐落在小镇一期。

设计理念

本项目集基金、文创和旅游三大功能为一体，初期整体布局划分为四个区块：八卦田公园片区（一期）、海月公园片区（二期）、三角地仓库片区（三期）、机务段片区（四期）。

二期甘水巷、海月水景公园、鱼塘北地块正在建设中，场地环境优越，低建筑密度，低容积率，全部为独栋、合院和低层建筑，风格形态优美，历史文化风情浓郁，也是本规划重点进行业态和功能规划的部分。

三期配置私募基金孵化器空间，处于整个小镇的中间衔接位置，今后规划实施园区运营过程中可考虑将小镇的集中配套配置在本区块。

四期则为小镇提供配套服务的大型金融机构或看重人脉氛围的中小私募机构形成强有力的吸引力。

2015 年，玉皇山南基金小镇在现有发展情况下亟须升级。11 个拓展地块将碎片化的基金小镇整合入微小镇生活圈，描绘着线上线下、工作生活紧密关联的小镇蓝图。未来的基金小镇既有自然的山水田园，又有城市的便利、舒适和高效。随着时代变迁，功能更替，小镇的发展将一直伴随着过去、现在和未来。

云栖小镇

以云生态为主导的产业小镇

项目地点：中国，浙江，杭州
设计单位：南方设计
设计师：林泳、王智、骆健、张敏军、李华、徐钟鸣
项目面积：815 公顷
摄影：南方设计

总平面图

背景介绍

本项目地处之江核心区块，计划依托阿里巴巴云公司和转塘科技经济园区这两大平台，把杭州转塘科技经济园区打造成一个以云生态为主导的产业小镇。作为云计算产业生态聚集地，云栖小镇运用大数据的计算将简单数据变成生产要素，围绕云计算产业的特点，构建"共生、共荣、共享"的生态体系。

设计理念

设计师采用的设计策略是调整小镇道路尺度，构建小镇核心，增加云产业及生活配套，保留城市乡村带，织补小镇肌理，打造小镇入口及景观节点。这不是对村镇简单粗暴的重建，而是尊重自然、人文的修缮和植入；不是对原住民生活的重构，而是新创客与原住民的共融和共生；不是对传统产业的抛弃，而是新旧产业的互补与提升。

设计过程和设计细节

项目规划结构彰显云产业优势，着力突出"三核"——小镇文化核心、小镇精神核心、小镇配套核心。"两带"——城市乡村带、河山路文化带。城市乡村带是产业和大学的融合带；河山路文化带则串联整个区域的人文景观带众创及产业拓展区；利用河岸开阔的景观空间打造小镇中心、美术馆、云房、云产业展示平台等文化展示交流空间；沿河两侧设计观景平台、休闲平台及展示空间。"两轴"——山景路轴、石龙山路轴。山景路轴是小镇创客共享交流轴，功能定位为创新创业的特色大街；石龙山路轴是小镇生活风情轴，增设休闲、商业、餐饮及文化主题产业等配套服务设施，形成浓郁的商业休闲氛围。"一环"——云道，连通六山、环绕小镇。它是完整的步行系统，也是配套系统，可以承载那些难以加载在已形成的小镇配套，更是自然生态系统，将云栖周围非常好的自然环境引入到小镇中来。

中国青瓷小镇

发扬中国青瓷文化的产业小镇

项目地点：中国，浙江，丽水龙泉
设计单位：南方设计
设计团队：姚大鹏、刘燕等
项目面积：220 公顷
摄影：南方设计

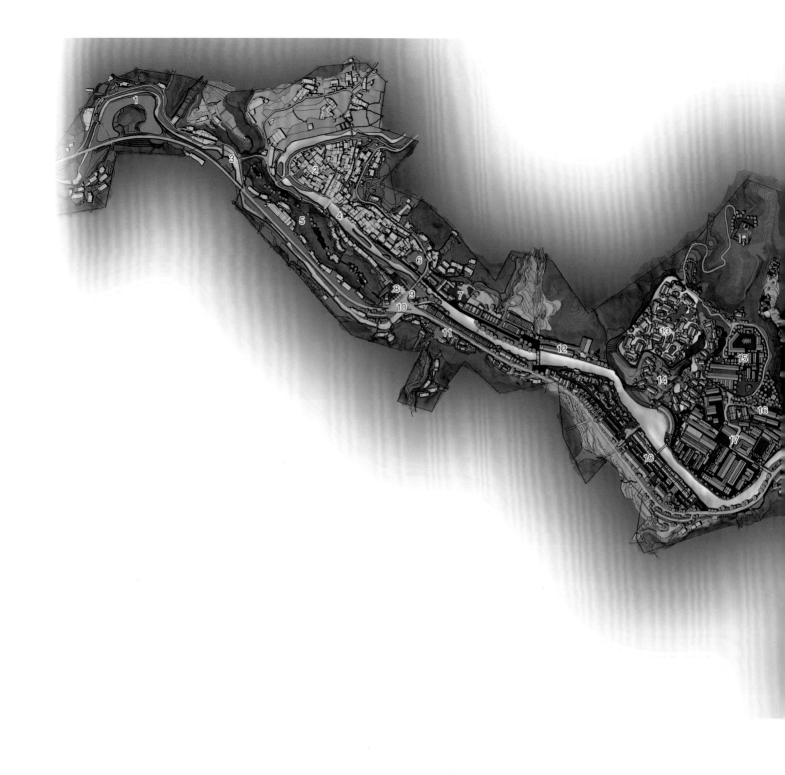

背景介绍

世界青瓷在中国,中国青瓷在龙泉。作为现代青瓷发祥地,上垟已经成为青瓷文化的象征,是名副其实的青瓷小镇,这里距龙泉市区 30 千米,位于浙、闽、赣结合部,三省交通要塞处,是龙泉最有名的青瓷古镇,现代龙泉青瓷材料都是出自上垟、宝溪。

设计理念

本项目的目的在于立足发扬民间青瓷文化,促进青瓷文化体验式旅游的发展,结合小城镇建设,打造一个集自然山水景观、田园风光、人文环境相结合的美丽乡村。我们对文化产业发展的产业链进行了探索,配合城镇建设进行规划,划分为入口及旅游配套区,核心景区和城镇配套区,区块相互交融、自然延伸,连接南北两端的自然古村落。

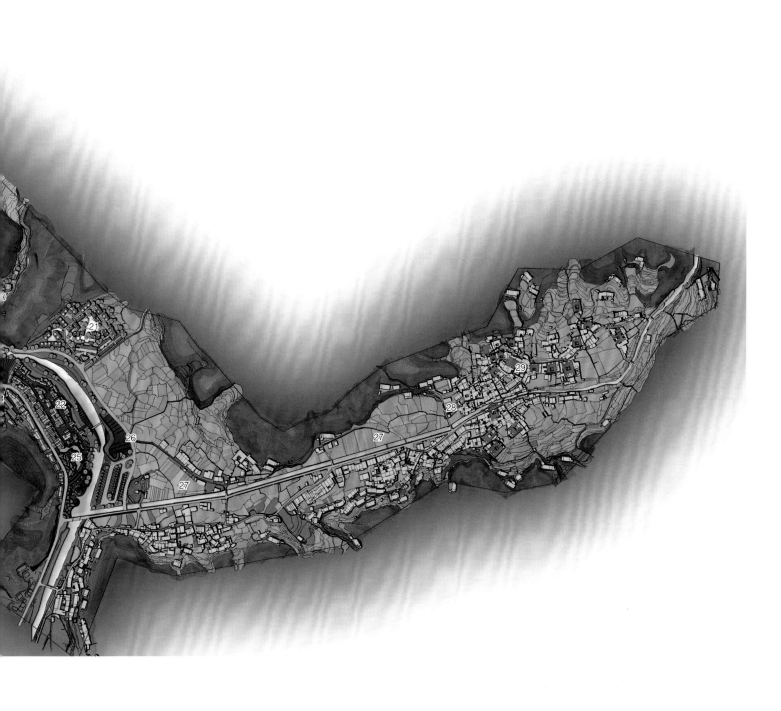

总平面图

1.游客集散中心（二期）	16.披云山庄
2.木岱口大会堂	17.1957工业遗址
3.水碓坊	18.瓷人坊
4.龙福桥	19.龙窑主题酒店
5.青瓷民俗公园	20.山谷养生酒店
6.镇中心小学	21.度假酒店
7.镇政府	22.商业风情街
8.曾芹记	23.粮仓
9.碧水阁	24.教堂
10.枫杨青苑	25.青瓷文化广场
11.李怀德故居	26.游客集散中心（一期）
12.古龙窑（瓷器五厂）	27.种植体验区
13.青年艺术家工作室	28.源底大会堂
14.国际陶艺村	29.古民居
15.青艺坊	

设计过程和细节

规划设计延续现状集镇的肌理，立足于独特的山水自然景观和田园风光，以龙形水系展开，划分为入口及旅游配套区、核心景区和城镇配套区，区块相互交融、自然延伸，连接南北两端的村落。

公共节点沿着八都溪展开，包括古民居、田园风光、入口广场、商业风情街、瓷厂遗址、特色步行街、滨水景观道、青瓷民俗公园。建设完整的小镇慢生活系统，远期规划小镇辅助入口旅游集散中心。

整个青瓷小镇因功能性的不同分为旅游、产业、体验和休闲三个区块，利用其丰富的青瓷文化和历史资源，力图打造一个以青瓷为依托的人文旅游景区。

如今青瓷小镇的规划，是基于对原生态自然村落的保护为主，对村落、古民居、集镇等进行适当改造及修缮，引导业态健康发展，服务产业，使产业发展与居民生活互利互惠、相互促进，形成良性循环。就是那一份淡淡的乡愁，就是那种魂牵梦萦的情感，让漂流在外的制瓷人愿意回到家乡，开始新的生产与生活。

第六章　康养小镇

康养小镇是指以"健康"为小镇开发的出发点和归宿点，以健康产业为核心，依托良好的生态环境，培育和引进养生养老项目，发展养生产业，将健康、养生、养老、休闲、旅游等多元化功能融为一体，形成的生态环境较好的特色小镇。

北京奥伦达部落

山脚下的宁静小镇

项目地点：中国，北京
规划设计 / 建筑设计：三磊设计
规划 / 建筑设计团队：张华、刘芳、李次树、白玉琳、向冰瑶、赵聪、宋亚民
景观设计：麦田景观
景观设计团队：张少华、王刚、任忠
开发公司：奥伦达部落
占地面积：205 万平方米（已开发）、115.8 万平方米（未开发）
摄影：三磊设计、麦田景观

背景介绍

项目位于延庆古崖居西侧,三面环山,地形覆盖自然山谷,有地下山泉及百亩果园。坐拥龙庆峡、石京龙滑雪尝康西草原、松山、玉渡山、八达岭长城等大批旅游景区,占据绝好的环境资源。基地内容丰富,涉及生活娱乐、休闲消费的全部体验,或奢华尊享或回归自然,配备全球顶级服务设施,并融合奥伦达部落独创 TO(部落亲善大师)服务体系。

2018 年,奥伦达部落从度假小镇全新转型为康养小镇,幸福战略布局全球,更多大健康及医养配套到位社区。奥伦达部落以家庭医生体系为核心,形成了一整套完整的心身医学理论和体系。引入医院成熟的服务理念和标准化服务流程,为会员提供强有力的健康保证。

奥伦达部落总平面图

总体规划

奥伦达部落位于北京与河北怀来交界处的古崖居西侧，三面环山，南临官厅水库，该区域是天皇山景区的入口位置，拥有得天独厚的区位优势。其周边众多的旅游资源决定了奥伦达部落并非一座孤立的小镇，而是该区域旅游资源的核心。这座小镇具有典型的山地特点，依山傍水是项目的自然优势，而山地设计的复杂性是对设计团队的重大考验。为此，三磊设计与原乡团队共赴瑞士多个经典山地小镇考察，通过实地项目的分析、讨论与研究，形成对山地项目的设计共识。与此同时，设计师也积累了丰富的山地设计实操经验。

整体设计上，设计团队结合自然资源，为项目争取更多的优势条件。建筑布局因地制宜，减少土方量，保持原有山形地貌。西镇是奥伦达部落最为重要的门户区域，位于整体地块的东北侧，以西镇文化中心、西镇红酒博物馆、西镇酒店、西镇梦想街、小镇教堂等业态组成，构建起小镇的配套中心。西镇周边围绕着戴维营与美利坚系列别墅区，美式与山地风格的度假别墅，将两个系列的居住产品形成风格上的差异化。其设计原则均是通过对建设用地的分析，充分利用现状地形及景观优势，布置不同产品，使土地价值最大化。

依托自然山体景观，建立起的以红酒主题庄园以及马场文化体验区，可以满足体验、居住、游玩等多种需求，更可以承接外部活动，带动起小镇的商业与文化氛围。而国际学校、医疗中心、民俗小镇的规划设计则更大范围的完善奥伦达部落的功能配套。经过 10 余年的规划设计与运营发展，奥伦达部落已经成为国内最成功的特色小镇之一。作为该项目的总设计师三磊总裁张华先生在接受媒体采访时说："过去 12 年间，我们对原乡美利坚小镇的规划设计一直在缓慢、持续地进行。项目原本定位于度假休闲，居住的人多了，周边依次建立起学校、教堂、医院、马场等，形成了独立的社群文化。越来越多的人开始选择长期居住，发展新的产业，最终'汇聚'成一个真正意义上的小镇。"

"短期内'空降'某种产业，或是迁走原住民，打造一个旅游景点，特色小镇的意义并不在于此。"这是三磊设计对于当下兴建特色小镇热潮的观点。一座特色小镇，看似偶然形成的风格、自然发生的风情，事实上都是经过各个模块多尺度设计的结果。只有建立起有机增长的模板，小镇就会像一株植物般顺着阳光的方向慢慢生长，在成长过程中叠加人与社群的行为，使小镇变得更加有温度、厚度和吸引力。

景观设计理念

项目位于松山脚下，基地原始条件高差极为丰富，同时地层内以石块居多，植物生长的条件极为苛刻；规划延山谷展开，景观结合规划条件，发掘项目本身所存在的特点，结合项目定位营造山脚的宁静小镇。

首先，关注点在于度假感的营造。

充分把握规划与基地特点，营造美国西部粗犷而具有风情的感受，结合场地特点在重要区域设置情景化景观场景，同时提取标志化元素，铜牛环岛、鹿角门、红河驿站，还原生活场景，营造独特的度假氛围。

其次，异域风情如何生根于本土生活。

需要功能与形式的完美融合，度假小镇的景观空间有异于都市的项目，更需要对于自然的体验，自然是世界通用的语言，同时基于需求的考虑，建立全区运动体系、全区公园体系、全区生活组团、全区管理体系、全区生活配套景观，将各空间进行分级，满足各类人群使用的需求。

设计细节

苛刻的种植条件是很大的制约条件。项目位于山脚下，现场土地下挖几乎都是石块，如果结合项目特点营造适合的种植特色是务必需要解决的难题。景观的解决思路为：一、局部换土，在重点景观区，结合节点需求，更换一定厚度的种植土，满足丰富植物层次的需求；二、种植运用以点带面的手法，一棵乔木结合灌木形成组团，减少土方及种植土的成本需求；三、选择适合项目风格的浅根系植物，打造项目特点的同时，满足景观需求。

高差是现场的特点也是难点，每地块都存在不同程度的高差，景观设计出发点基于利用高差、消化高差、弱化高差，同时也让高差成为景观的一部分，为景观所用。场地中不可避免的大高差，尽量弱化和遮挡；能够自然消化的部分，利用挡墙、堆坡、种植等手法。

山体泄洪渠是山地项目中无法避免的元素，结合利用成为景观水体，或为溪流、水面、跌水，同时结合景观节点，营造极具山体特色景观场景。

罗婺文化特色小镇

集文化、旅游、养老为一体的彝族小镇

项目地点：中国，云南，武定
设计时间：2016 年
设计单位：王和祁（北京）建筑景观设计有限公司
总设计师：王俊
设计团队：彭冬梅、侯样样
占地面积：245 公顷

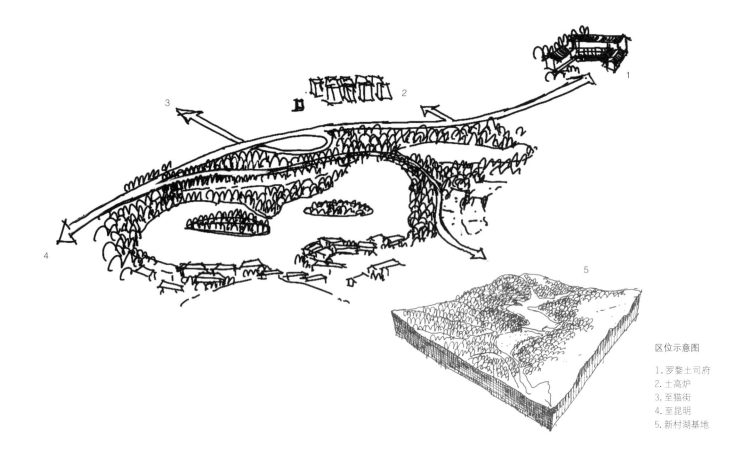

区位示意图
1.罗婺土司府
2.土高炉
3.至猫街
4.至昆明
5.新村湖基地

背景介绍

罗婺文化主要是指以彝族文化为主的武定各民族文化。猫街镇是近年来举办彝族活动规模较大以及活动最多的地方。但经调查，当地彝族人民举办活动的地方均比较简陋，没有一处能够集中举办活动、作为整个彝族文化宣传的中心点。罗婺部落相关的建筑及民族特色活动也正在不断地减少和消失。

项目地块位于猫街镇中心边郊，处于猫街镇与新村湖片区两者的中心地。三面环山，植物丰富，中心的水库和谷地，是整个场地最重要的部分，周边农田环绕，有很多自然古朴的村落分布其中，环境十分优美。

设计简介

设计根据场地所处的文化背景、自然条件以及民族需求，在场地中规划了湿地公园、彝族文化街、水中商业街、彝寨社区、彝族文化广场、彝族土司府、养老院、水中舞台等功能区。特色小镇东南侧是规划设计的新村湖度假村，将罗婺文化特色小镇、新村湖度假村和猫街镇三者在功能分区、活动项目类型以及人群来源三方面结合，形成一脉相承、相互补充的关系，建设景色优美、文化气息浓厚的彝族特色小镇。

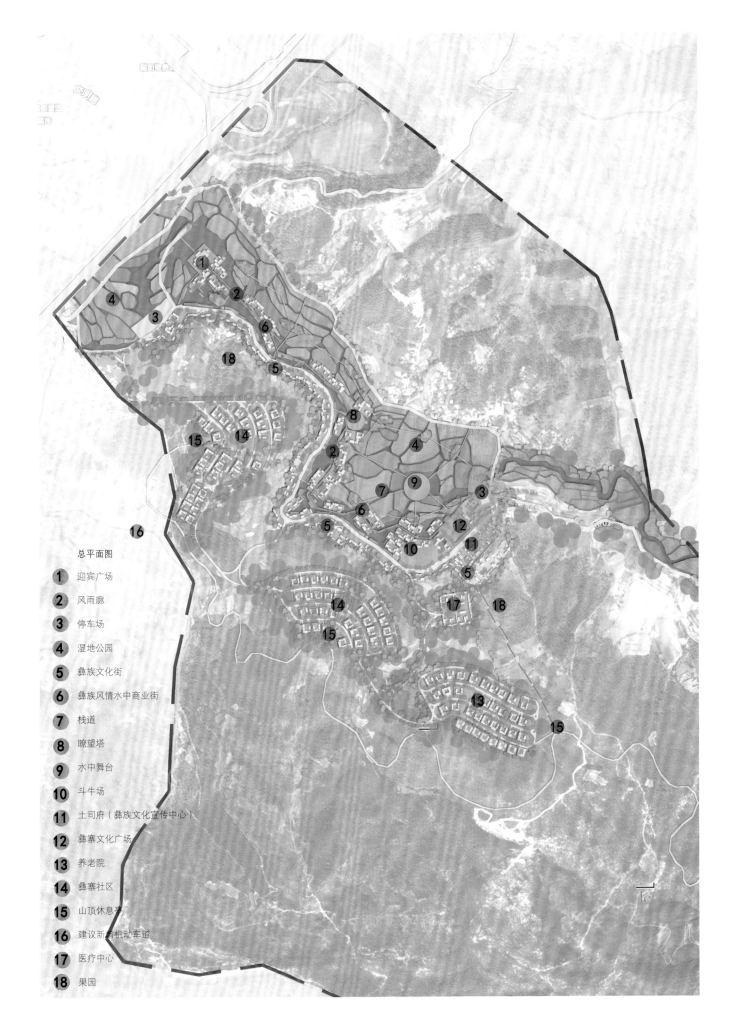

总平面图

1 迎宾广场
2 风雨廊
3 停车场
4 湿地公园
5 彝族文化街
6 彝族风情水中商业街
7 栈道
8 瞭望塔
9 水中舞台
10 斗牛场
11 土司府（彝族文化宣传中心）
12 彝寨文化广场
13 养老院
14 彝寨社区
15 山顶休息亭
16 建议新增机动车道
17 医疗中心
18 果园

特色功能区介绍

湿地公园位置是小镇的中心，现状地势是谷地，具有非常好的水文条件。周边山地的雨水和上游水库的水汇聚于此，把这些水都蓄留起来集中利用，创造出非常好的湿地环境。当地一年中，水位的变化通常分为汛期、旱期和正常水位三种情况，于是设计师对地形高差进行处理，设计了深浅不一的水泡，结合水位自然变化，营造处于动态变化中的湿地景观。

湿地公园承担着小镇的主要景观，在其中轴线上，分布着迎宾广场、瞭望塔和水中舞台。迎宾广场，位于高速视线交点处，设计师结合彝族元素设计的彝族牌坊标志着罗婺文化小镇从此开始，起着引导和分流作用；瞭望塔处于湿地公园中心位置，可以俯瞰全园；水中舞台视线开阔，可容纳 3000 人聚集活动，为当地彝族人民的火把节、千人跌脚舞会、篝火晚会、大型歌舞等活动和节日提供场地。

风雨廊和栈道贯穿整个湿地公园，连接绿岛、亲水亭、休息廊、田埂及其他功能区，既承担园中交通，又可以保证无论任何天气，居民和游客都可以在此欣赏湿地美景。湿地中种植经济作物和观赏性植物，保障居民经济效益和公园观赏性，不同时节还可在此开展挖藕采莲等农事活动，吸引游客。

水中商业街是湿地公园乃至整个小镇的一大特色，建筑皆是四合院形式，打造出水上购物体验，与民族文化街形成一个完整的商圈。

民族文化街形式上还原彝族古街，再现彝族原味生活，在此可以畅享彝族美食，可以参与赛装节，体验彝族服饰，可以留宿特色客栈，静享时光，可以 DIY 一件彝族手工艺品，还可以参与彝族长街宴，品味特色美食。

此外，设计师还规划了用作博物馆的彝族土司府、罗婺彝族社区、养老院及医疗中心等配套设施，使小镇功能齐全，宜赏宜居。

小镇中的建筑设计说明

在项目之初，设计师们实地调研了当地保留较为完整的几个自然村落，对其建筑分布进行实地考察测量及分析，归纳总结出传统村落里面最常见的几种院落形式，以此作为重建彝族传统建筑的依据。此外，设计师们还考察调研了彝族当地居民的生活习惯和民族传统活动对建筑形态和材料等方面的影响，尽可能还原建筑形态，保留彝族人民原有的生活细节和习惯，使民族传统文化得以传承。

索 引

N

南方设计

S

三磊设计

深圳市中营都市设计研究院

四川华泰众城工程设计有限公司

W

王和祁（北京）建筑景观设计有限公司

Z

卓尔发展（孝感）有限公司

中国城市建设研究院

主　编：陈可石
编　委（排名不分先后）：

杜　婕　方志达　付安平　姜晓刚　林　泳　毛厚德
任　忠　王　刚　王　俊　姚大鹏　张　华　张少华

图书在版编目（CIP）数据

美丽中国：特色小镇规划与设计 / 陈可石主编 . — 沈阳：辽宁科学技术出版社，2018.9
ISBN 978-7-5591-0793-0

Ⅰ．①美… Ⅱ．①陈… Ⅲ．①小城镇－城市规划－建筑设计 Ⅳ．① TU984

中国版本图书馆 CIP 数据核字（2018）第 133972 号

出版发行：辽宁科学技术出版社
　　　　　（地址：沈阳市和平区十一纬路 25 号 邮编：110003）
印 刷 者：上海利丰雅高印刷有限公司
经 销 者：各地新华书店
幅面尺寸：225mm×285mm
印　　张：16.5
插　　页：4
字　　数：300 千字
出版时间：2018 年 9 月第 1 版
印刷时间：2018 年 9 月第 1 次印刷
责任编辑：李　红
封面设计：关木子
版式设计：关木子
责任校对：周　文

书　　号：ISBN 978-7-5591-0793-0
定　　价：288.00 元

编辑电话：024-23280070
邮购热线：024-23284502
Email: mandylh@163.com
http://www.lnkj.com.cn